House Flowers and Plants

宜居花草

刘德红 等 编著

中国林业出版社

图书在版编目（CIP）数据

宜居花草／刘德红 等 编著 —北京：中国林业出版社，2012.9

ISBN 978-7-5038-6697-5

Ⅰ.①宜居… Ⅱ.①刘… Ⅲ.①观赏园艺－基本知识 Ⅳ.①S68

中国版本图书馆 CIP 数据核字（2012）第 174267 号

编著人员 刘德红
丁 贝
刘香瑞

出 版 中国林业出版社
（100009 北京西城区刘海胡同 7 号）
E-mail：liuxr.good@163.com
电话：(010)83228353
网 址 http：//lycb.forestry.gov.cn
发 行 中国林业出版社
营销电话：(010)83284650 83227566
印 刷 北京中科印刷有限公司
版 次 2012 年 9 月第 1 版
印 次 2012 年 9 月第 1 次
开 本 880mm × 1230mm 1/32
印 张 4
字 数 115 千字
印 数 1 ~ 4000 册
定 价 29.00 元

出版者的话

初识花痴老太，是在我开微博的头一天，当我在自己喜欢的有关花草的微博和微群中串门的时候，“花痴老太”便以其较高的“出镜率”诱惑我去踩踩，才知道她已患癌多年，但其微博每天都有更新，所发花草图片颇受欢迎，她对博友们的提问和评论都会及时而耐心地解答、回复，博友们亲切地称她“花阿姨”，甚至“中国的塔莎”。她字里行间透露出的乐观生活态度，以及其简洁清新的文字，清晰漂亮的图片，令我驻足忘返，我欣喜着，思考着……

思考良久，我给花阿姨发了一条私信，但她婉拒了我，因为她是个负责而又追求完美的人，她一贯的做事态度是：要做就要做好，她怕自己没有精力做好。但这反而更让我不舍得放弃，后来，在我的坚持下，更重要的是在其女儿的鼓励下，花阿姨决定试试，所以便有了您手中的这本《宜居花草》。

有这些美丽的花草相伴，怡心亦悦情，即使病魔，也不能阻止我们珍爱生命，享受生活。

由于作者并非植物学或者花卉学专业出身，她只是一位爱花养花人，所以我们在编辑制作中，没有刻意加入科属名及拉丁名。书中所述一百余种花草的养护方法都是作者多年来的经验总结，语言也很通俗，且不乏随意，图片也大多为作者亲自拍摄，不当之处或错漏之处，恳请大家原谅，并真诚欢迎批评指正，以及关于花草进行交流。

2012 年 5 月

谨 以 此 书 献 给 爱 花 养 花 的 朋 友 们 ！

谨 以 此 书 献 给 热 爱 生 活 的 朋 友 们 ！

花痴者说

我今年 65 岁，已有 18 年的癌龄了。养花是我的最爱。说起养花，是偶然的一件事引起了我极大的兴趣。20 年前的一天，看到院里的大姐剪下一根竹节海棠的茎枝，从小受父亲的影响，就很喜欢花花草草的我，拿回家剪成两段，泡在水杯里，过了些天就长出了好多根，就又把它们栽到了花盆里。没想到后来竟给了我很大惊喜，它们都开了大串漂亮的花，从此我便爱上了养花。尽管家里不太宽敞，我还是要尽量多养些。20 年来，我交替更换品种，每天侍弄花草，聆听花开的声音，看着花开的姿态，有时她们简直像在跳舞一样精彩。多年来，我体验着从播种到收获的喜悦，真是其乐无穷！

我视花草如生命。花草也给予我丰厚的回报。即便是我身患了癌症，也从未放弃。花草愉悦了我身心，给予了我战胜病痛的力量。我想：能培养一门爱好，兴趣，真是一件幸事。每当我侍弄花草的时候，就会全身心地投入其中，精神上有所寄托，既舒缓了病痛，又强健了体魄。这真是件一举多得的事啊！

多年来花草带给我的快乐是无法用语言形容的，所以我要写出来与大家分享。把我阳光的一面展示给大家，让病友们看到，只要相信医学，积极治疗，坚强，开朗，癌症并不可怕，是可以治愈的！

我常忆起中学时代校园里那大片白的、紫的丁香，还有玉簪花。每次经过，我都会驻足观赏。空气里弥漫着醉人的清香。那纯洁的白，梦幻的紫，让我久久不舍，甚至有一次差一点误了走进课堂。可那时不知道拍照，也没条件拍，只好深深地留在了我的记忆里。回忆起这些美好，使我想到了给花拍照。多年来，我养成了随手拍的习惯，遇到好看的，不认识的，都要拍下来，以备日后随时学习和欣赏。我感觉整个过程都能享受到花花们带来的快乐。

其实，美无处不在，只是我们没有发现罢了。打开心窗，你就会随时发现美景。热爱生活，你准会快乐。快乐了，幸福了，生活就是这么简单。加入到爱花养花的行列中来吧，让我们一起享受这美好的人生！

刘德红
2012 年 3 月

目　录

出版者的话
花痴者说

第一篇　植物生长六要素

1. 土 …… 10
2. 水 …… 10
3. 肥 …… 10
4. 阳光 …… 11
5. 二氧化碳和氧气 …… 11
6. 温度 …… 12

第二篇　花卉的栽培与养护

1. 一二年生草本花卉

矮牵牛 …… 14
金盏菊 …… 16
三色堇 …… 16
长春花 …… 19
美女樱 …… 20
松叶牡丹 …… 21
凤仙花 …… 22
金鱼草 …… 22
柳穿鱼 …… 24
旱金莲 …… 24
石竹 …… 26
万寿菊 …… 27
瓜叶菊 …… 28
雏菊 …… 30
紫茉莉 …… 31
茑萝 …… 32
蒲包花 …… 32

2. 木本花卉

倒挂金钟 …… 34
一品红 …… 35
鸳鸯茉莉 …… 36
龙吐珠 …… 36
茉莉 …… 37
米兰 …… 38
九里香 …… 39
扶桑 …… 40
金丝梅 …… 41
杜鹃 …… 42
马缨丹 …… 43
八仙花 …… 44
迎春 …… 45
月季 …… 46
金银花 …… 48
凌霄 …… 49
三角梅 …… 50
龙船花 …… 52
锦带花 …… 53

3. 宿根、球根花卉

鲁冰花 …… 54
勋章菊 …… 55
鸢尾 …… 56
马蔺 …… 57
蜀葵 …… 58
花毛莨 …… 59
风信子 …… 60
水仙 …… 62
耧斗菜 …… 64

玉簪 …… 65
萱草 …… 66
大丽花 …… 67
小苍兰 …… 68
仙客来 …… 69
大花葱 …… 70
葱兰 …… 70
玻璃翠 …… 71
德国报春 …… 72
红花酢浆草 …… 73
天竺葵 …… 74
新几内亚凤仙 …… 78
秋海棠 …… 79
大岩桐 …… 82
蜘蛛兰 …… 83
君子兰 …… 84
凤梨 …… 86
大花蕙兰 …… 88
大叶花烛 …… 89

4. 观叶花卉

彩叶草 …… 90
天门冬 …… 91
文竹 …… 92
铁线蕨 …… 93
虎耳草 …… 93
鸟巢蕨 …… 94
花叶芋 …… 94
网纹草 …… 96
豆瓣绿 …… 97
孔雀竹芋 …… 98
一叶兰 …… 99
花叶万年青 …… 100
银脉单药花 …… 101
瑞典常春藤 …… 102
鹅掌柴 …… 103
绿萝 …… 104
龟背竹 …… 106
富贵竹 …… 107

5. 观果花卉

观赏辣椒 …… 108
冬珊瑚 …… 109
代代 …… 110
金橘 …… 111
石榴 …… 112
朱砂根 …… 113

6. 仙人掌类花卉

仙人球 …… 114
令箭荷花 …… 115
蟹爪兰 …… 116
仙人指 …… 117
假昙花 …… 118
金琥 …… 119

7. 多肉花卉

佛肚树 …… 120
虎刺梅 …… 121
佛手掌 …… 122
落地生根 …… 123
长寿花 …… 124
虎尾兰 …… 126

花草名称索引 …… 127

第一篇　植物生长六要素

1 土

盆栽花卉应尽量选择疏松肥沃，保水，排水性良好，中性或偏酸性的土壤。这种土壤，重量轻，空气流通，营养丰富，有利于花卉根的发育，使植株能健壮地生长。配制培养土的材料有：素沙土、园土、腐叶土、河泥、锯末、炉灰渣、蛭石、珍珠岩等。如何配制，可灵活掌握。

2 水

花卉生存的重要因素。合理浇水对花卉的生长至关重要。浇花的水，要用常温的，也就是预先存放的。

一般绿植在潮湿的条件下长势良好，就要经常保持盆土湿润，但不能积水，以防烂根。对于一般的花卉，浇水要见干见湿。较耐旱的花卉，应掌握干透浇透的原则。对于耐旱的仙人掌类，盆土偏干些才好。

3 肥

花卉的食粮。长时间不施，或施肥不科学，花卉就会营养不良，花少，或不开花，会影响观赏效果。所以说，要想花儿发，肥得当好家，这话一点都不假。一般我们养花主要用的是氮、磷、钾肥，或复合肥。复合肥是指同时含上述 3 要素中 2 种以上的肥料，花市就有卖，此肥无臭味，不污染环境，好掌握，很适合家庭室内养花的需要。磷酸二氢钾是含磷、钾两种元素的复合肥，适宜花芽分化期，或叶片发黄时喷施，可使花卉花多色艳。对于叶片的黄转绿也很有效。硫酸亚铁是一种喜酸性土花卉的好肥料，常用可防止黄化病的发生。施此肥不能洒在盆土表面，这会使养分失效，要随用随配，以免久放失效。

另外，可以自制饼肥水。就是把油料作物的种子榨油后的残渣，制成小颗粒，埋在盆土的边上，肥效能持久，但不能离根太近。也可把残渣加水，经发酵腐熟后，用上边的清水稀释后施用。常见的饼肥有：大豆饼、芝麻饼、花生饼、菜籽、棉籽、葵花籽饼等。可制花肥的材料很多，我觉得上述方法简便易行。利用发酵的淘米水浇喜酸性花卉，也可使花卉生长健壮，对防止黄化病也不错。

总之，不管用哪种肥料，施用时都要注意别玷污了叶片和叶芽，并要做到薄肥勤施才好。

4 阳光

也是花卉生长的重要因素。没有光照，植物不能进行光合作用。光照的强度，也因花而异。阳性花卉要多给予，如米兰、月季、半支莲等。对于一二年生的草花，中性花卉，如扶桑、茉莉等也不能少了光照。阴性花卉，如文竹、杜鹃、四季秋海棠等适时要注意遮光。强阴性花卉，如蕨类等，可常年放室内养护。

5 二氧化碳和氧气

花卉进行光合作用与呼吸作用的气体。所以，空气对花卉的生长过程也起着重要的作用。花卉昼夜都在进行吸进氧气，放出二氧化碳的呼吸运动。二氧化碳又是光合作用的原料，所以，只有在通气良好的环境中，花卉才能生长良好。这里所说的不仅是植株的通气良好，还包括花卉的根系。经常保持盆土的疏松，是使根系通风良好的关键所在。

6 温度

没有适宜的温度，会直接影响到花卉的生长及开花。有资料表明，一般花卉的生长适温在10~25℃。温度增高，花卉的生长就快。温度的变化，也是使花卉休眠的原因之一。不耐热花卉，如仙客来、水仙、小苍兰等，在高温季节就停止生长，处于休眠状。耐寒的月季、牡丹等，在冬季暂停生长，处于休眠状。

不同的花卉各有其最适宜的生长适温及最高、最低温度，只有满足了这个条件，花卉才能生长健壮。超出了它的最高、最低的温度界限，对花卉的生长不利，甚至会死亡。

第二篇　花卉的栽培与养护

1 一二年生草本花卉

矮牵牛

◎ 又名碧冬茄、灵芝牡丹，有俗称花仙子。花的外形似牵牛花，株高 15~45 厘米，叶椭圆或卵圆形，花单生，漏斗状。品种多，有高性种、矮性种、丛生种、匍匐种、直立种。花型有大花、小花、波状、锯齿状、单瓣、重瓣，花色丰富，也有镶边等复色种。花期长，深受大众喜爱。室内栽培保持 15~25℃，可四季开花。

◎ 性喜温暖，不耐寒，要求排水良好的沙质土。怕水涝，怕肥大，高温环境开花不良，阴凉天花少叶茂，干燥温暖时开花繁茂。生长期间盆土要见干见湿，浇水过多，易发生灰霉病。施肥过大，则徒长植株开花不多。

◎ 因花顶生，所以从幼苗期就要进行多次摘心，以促多发枝，则会株形好，开花多。如植株过高，需立小竹杆并绑扎。以免倒伏。

◎ 矮牵牛多用播种法繁殖。春、秋季都可以。因种子细小，好光，盆土要细而平，播后不用覆土。发芽适温 20~25℃。播后用浸盆法浇水。长出 4~5 片真叶时移栽。注意移栽时不要让土坨散碎，以利成活。北方地区宜秋播，室内养护，来年从春至秋，开花不断。如果不想留种子，花谢后剪掉残花，节省养分，可使多开花。重瓣花不易结籽，可于早春、仲秋扦插：选 10 厘米长的嫩枝从节下剪下，上部留 2~3 片叶，插入素沙或蛭石中，放避风背阴处养护，大约半月生根。

金盏菊

◎ 又名金盏花。花色金黄，花形向上，如灯盏，花期长，生长快，是北方春季的重要花卉。可在室内盆栽观赏。

◎ 性耐寒，忌高温，喜阳光充足，对土壤要求不严。

◎ 秋播，5~6 片真叶时摘心一次，促使多发分枝。入冬放室内阳光充足处，春季开花。生长期间浇水不宜过多，保持盆土湿润即可。施些腐熟的稀薄饼肥水，就会花繁叶茂。若想花开得大，就不摘心，摘掉侧芽，使养分集中，就会花大色艳。入夏后，花渐变小，最后枯死。如早春开花之后，及时剪除残花梗，促其生发新枝，加强水肥管理，秋后可再次开花。

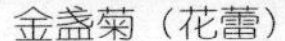

金盏菊（花蕾）

金盏菊（种子）

三色堇

◎ 一般由紫、黄、白三色组成，也有纯色系列，花大色艳，株型低矮，花的两侧对称，形似蝴蝶，故又名蝴蝶花，也有俗称猫脸。是早春受欢迎的花卉之一。

◎ 性喜阳光耐半阴，喜凉爽湿润的气候，耐寒忌高温。要求疏松肥沃排水良好的土壤。

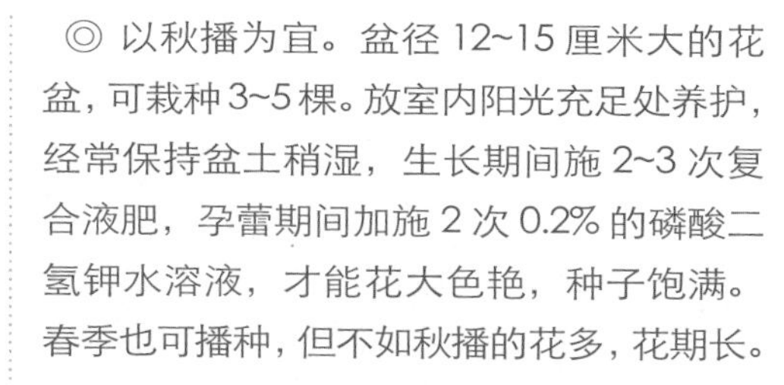

◎ 以秋播为宜。盆径 12~15 厘米大的花盆，可栽种 3~5 棵。放室内阳光充足处养护，经常保持盆土稍湿，生长期间施 2~3 次复合液肥，孕蕾期间加施 2 次 0.2% 的磷酸二氢钾水溶液，才能花大色艳，种子饱满。春季也可播种，但不如秋播的花多，花期长。

同属植物角堇，叶、花均较三色堇小，花朵较三色堇繁密，花色与三色堇相仿。

三色堇

角 堇

长春花

◎ 叶片苍翠光亮，花瓣 5 片似梅花，又名五瓣梅，也有俗称日日春，四季梅。长春花的花色品种繁多，花期长，观赏性极佳，深受大众喜爱。

◎ 性强健，喜温暖湿润的气候，喜光耐半阴，忌湿怕涝，较耐干旱，要求肥沃排水良好的沙质土。春播，生长期间摘心 1~2 次，可促多分枝。长春花喜光，只有日照充足，才会生长旺盛，开花良好。日照不足，则徒长植株，开花数量减少，因此在生长期间要放向阳处养护。因花期长，所以要经常施些复合液肥，经常保持盆土湿润。越冬放室内阳光充足处，气温 5℃以上，控制浇水。如室温能到 15~20℃，可不断开花。

◎ 长春花种子成熟后，荚果易开裂，种子会散落，要注意收集。

小贴士

长春花是夹竹桃科的植物，折断其茎叶而流出的白色乳汁，有剧毒，千万不可误食！有小孩的家庭要特别注意！

美女樱

◎ 又名美人樱。多年生草本，常作一二年生栽培。花有白、粉、红、紫、蓝等色，花期 5~10 月，是夏、秋季节的观赏花卉之一。

◎ 性喜阳光充足温暖湿润的气候，不耐寒。喜肥沃排水良好的中性或偏酸性土壤。美女樱要给予充足的光照，才能开出大而漂亮的花，否则植株徒长，开花不良。夏季浇水要及时，开花期要多施些肥，但氮肥不宜过多，盆土应经常保持湿润。

◎ 9 月秋播，盆土可用腐叶土、园土、河沙按 2:2:1 混匀配制。入冷室越冬。幼苗长到 10 厘米高时要摘心，以利生发侧枝，多开花，植株紧密，观赏性才好。花谢后要剪掉残花，保存养分，可继续开花。美女樱的种子发芽率较低，播种前应先用温水浸种一天。

松叶牡丹

◎ 又名太阳花、死不了、龙须牡丹、半支莲等。株高15~20厘米，花生于茎的顶端。花色繁多，姹紫嫣红，煞是好看。6~9月开花，阳光越好，花开的也越好，清晨、傍晚，阳光不足，就会闭合。品种有：单瓣，重瓣，条纹瓣等。

◎ 性喜阳光充足，不耐寒，耐旱，喜温暖的环境。夏季多雨多湿，连阴天时易烂，干旱多阳光时，开花繁茂。合理的浇水与施肥，也是养好半支莲的关键。半支莲适应性较强，水肥都不需多，浇水见干见湿，盆土偏干些为好。对土壤要求不是太严，土疏松肥沃就行。种子成熟后，蒴果易开裂，种子易失，要及时采收。半支莲生命力强，能自播，所以，栽种一回，就可多年看花。

松叶牡丹

小贴士

松叶牡丹、马齿牡丹播种容易，但由于种子细小，因此播种时可先将种子拌十倍或数十倍的细面沙或细干土，混匀后撒播。其他种子细小的植物也可采用此法播种。

同属植物马齿牡丹（也称阔叶半支莲、大花马齿苋）为松叶牡丹与野生的马齿苋杂交而来，花型单瓣及重瓣均有，花色丰富，绚丽缤纷。

马齿牡丹

凤仙花

◎ 又名指甲花、透骨草、小桃红等。叶似桃叶，花有红、粉、白、紫、洋红和复色。花期 6~8 月。品种有单瓣、重瓣，花型有蔷薇型、茶花型。花期长，民间很受欢迎，广为栽培。

◎ 性喜阳光充足，不耐阴，不耐寒，喜湿润肥沃的土壤，能自播。栽培期要注意打顶，以促多发侧枝，使株形丰满，且开花多、大、色艳。因凤仙花是肉质茎，夏天干旱易落叶，所以要注意及时浇水，但不宜过多，以免烂根。另外也要注意通风，不然会患白粉病，引起烂根、落叶，甚至枯死。早期白粉病，可喷托布津（按说明）防治。生长期常施稀薄饼肥水，孕蕾前施用磷酸二氢钾，可使花大色艳。

◎ 凤仙花的种子成熟后能弹很远，所以要及时记得采收。

小贴士

凤仙花叶子与花中的天然红棕色素，可用来染指甲、染发，甚至身体彩绘，绝对是纯天然，且染后色彩自然、均匀。

金鱼草

◎ 又名龙头花、洋彩雀。为多年生草本，常作一二年生栽培。茎直立，花冠筒状唇形。有红、粉、黄、白及复色。花期 5~7 月，花序有 15 厘米以上，花自下向上开放。因花色丰富，花形奇特，花期长，是盆栽、切花的好材料。

◎ 性喜阳光充足，也能耐半阴，喜凉爽，怕酷热，较耐寒。宜疏松肥沃、排水良好的土壤。能自播繁殖。观赏栽培，幼苗期注意摘心，以促多发侧枝，使植株矮壮紧凑。但如作切花栽培，则不能摘心，并要及时去除侧芽。幼苗期施 2 次稀薄饼肥水，孕蕾前施 2 次含磷、钾的液肥，可开出较多且艳丽的花朵。

小贴士

此植物有毒性，误食可能会引起喉舌肿痛，呼吸困难，胃疼痛；有皮肤过敏的可能接触后会感到瘙痒。所以，药用必须听从医嘱。

柳穿鱼

◎ 多年生草本，在我国北方常作一二年生栽培。茎直立，总状花序，花色丰富，为嫩黄、粉红诸色，萼五裂，花冠二唇形。花期 6~9 月，果期 8~10 月。

◎ 柳穿鱼性耐寒，喜阳光和冷凉气候，在排水良好而又适当润湿的沙质土壤中生长最为茂盛。繁殖方式可分为扦插繁殖和播种繁殖。生长茂盛季节要反复摘心，适当控制株高，促使株丛矮壮密实，开花繁茂。

◎ 柳穿鱼枝叶柔细，花形与花色别致，适宜应用于花坛、花境及地被片植，也可盆栽或作切花。

旱金莲

◎ 有俗称旱荷花、金丝荷叶。多年生花卉，常作一两年生栽培。叶具长柄，盾状，似莲叶。花有细长的梗，有紫红、橘红、橙黄、白及杂色。少有重瓣种。室内培养，温度适合的条件下，全年可开花。因花形、叶形独具特色，所以深受欢迎，广为栽种。

◎ 旱金莲生育期间，不宜施氮肥过多，一般月施一次腐熟的稀薄饼肥水，开花期可施磷肥。浇水要见湿见干。

◎ 性喜阳光充足，夏季需适当遮阴，放凉爽通风处养护。10 月入室放阳光充足处，要定期转盆，使其受光均匀，否则植株向一面生长，影响观赏效果。越冬室温保持

12~16℃，适当控制肥、水，能继续生长。如想常年赏花，可分期播种：8月播种，元旦、春节开花；12月播种，翌年“五一”开花；5月播种，国庆开花；也可10月在室内播种，室温保持15℃左右，翌年早春就可开花。

石竹

◎ 又名洛阳花。多年生草本，常作一两年生栽培。花茎生于枝顶，花瓣 5 枚，花色丰富，枝株矮小，品种极多。常见的有：香石竹（康乃馨）、五彩石竹、瞿麦、羽毛石竹等。石竹，叶似竹，花色美如彩霞，深为人们喜爱，地栽、盆栽皆宜。

◎ 性喜阳光，耐寒，耐干旱，怕水涝，要求土壤肥沃，排水良好。繁殖以播种为主。秋播的要好于春播。石竹管理简便，生长健壮，浇水保持盆土湿润，不宜过多，以防烂根。花后及时剪休，可再次开花。

万寿菊

◎ 又名蜂窝菊、臭芙蓉。一年生草本。株高 60~90 厘米。花有橙黄、橘红及复色。花期 6~10 月。品种有宽瓣、皱瓣。万寿菊花繁叶茂，色泽艳丽，适于花坛、花境或盆栽。

◎ 性喜阳光充足，耐干旱，要求疏松肥沃的沙质土壤。生长期施肥不宜过多，否则会徒长枝叶影响开花。花谢后若不想留种，就及时剪除残花，施些肥，可继续开花。

孔雀草

万寿菊

同属花卉孔雀草，别名老来红、臭菊花、小万寿菊，舌状花黄色、橙色、紫红色斑块等。

瓜叶菊

◎ 多年生草本，常作两年生花卉栽培。株高 20~30 厘米，叶心脏形，似瓜叶。花密集簇生。花色有红、浅红、粉红、白、玫瑰等色，还有少见的天蓝、深蓝色及复色。花瓣有宽、平、卷、单、重瓣。花期初冬至初夏。

◎ 瓜叶菊的花，硕大艳丽，簇生在碧叶之上，绚丽多彩，能迎寒怒放，赏心悦目，摆放在厅室中，春意融融，深受欢迎。

◎ 性喜温暖湿润，忌炎热干旱，要求疏松肥沃、排水良好的土壤。植株长出 5~6 片叶时摘心，促发侧芽，每株可保留 4~5 个侧芽，这样株形丰满，叶繁花茂。生长期从植株基部长出的侧芽要抹去，以使养分集中。因叶面大，需水量多，要经常浇水，保持盆土湿润。因花期长，生长期间应经常补肥才可确保花大色艳。幼苗期施氮肥，入冬后施氮磷复合的液肥。瓜叶菊是喜光植物，生长期间，要放向阳处养护，才能使叶绿花艳。怕强光高温，入夏后要遮阴，移至通风凉爽处。常向叶面、盆周地面喷水，

降温增湿。冬管也非常重要，入室放阳光充足通风处，室温10~13℃。瓜叶菊的花蕾是在冬季形成的，所以充足的光照、适宜的温度是其多花的保障。另外，瓜叶菊有趋光性，要经常转盆，使花姿端正。开花后，在7~8℃的条件下可延长花期。

◎ 瓜叶菊易受病虫害。病害有白粉病、灰霉病、叶斑病，可用多菌灵按说明防治；虫害有蚜虫、红蜘蛛等，可用乐果按说明杀除。

◎ 瓜叶菊用播种繁殖。种子成熟后，放阴凉处晾干，并放阴凉干燥处贮存，以备秋播。

雏菊

◎ 别名春菊、长命菊、幸福花等。多年生草本，常作一二年生栽培。叶基部簇生，匙形；头状花序单生。早春开花，植株低矮、整齐，花朵娇小玲珑，花色丰富。适宜于早春花坛、花境，也可作盆花栽培。

◎ 常秋播作 2 年生栽培，播种后，宜用苇帘遮阴，不可用薄膜覆盖。雏菊耐寒，宜冷凉气候，但怕严霜和风干。在炎热条件下开花不良，易枯死。每 7~10 天浇水一次。施肥不必过勤，每隔 2~3 周施一次稀薄粪水即可，待 2 月开花后，停止施肥。

小贴士

雏菊在夏季炎热时期开花不良，易枯死，如移植凉爽处，待秋季仍能重新开花。

紫茉莉

◎ 又名夕阳花，有俗称晚饭花、地雷花。多年生草本，常作一年生栽培。茎多分枝，花一至数朵顶生，花冠漏斗状，微香，有紫红、红、粉、黄、白及混杂色。花期 6 月至降霜。紫茉莉色彩丰富，花期很长，暗香怡人，花繁叶茂，傍晚花开直到次日早晨，是庭院栽培的花卉品种之一。

◎ 紫茉莉栽培容易，生长健壮，可于清明后露地播种。因枝叶繁茂，浇水要充足，常施些肥，就会花色鲜艳。

茑萝

◎ 又名茑萝松、游龙草，有俗称五星花。一年生缠绕草本。叶羽状分裂。花冠高脚碟状，呈五角星形，深红色，花期7~10月。茑萝叶片青翠，茎枝攀绕，花似红星，不失为绿化庭院的好材料。

◎ 性喜阳光充足温暖的环境，对土壤要求不严，易栽培，好管理。盆栽，应放向阳处，生育期间少浇水，少施肥，浇水要见干见湿，干旱季节应多向叶面上喷水，增加空气湿度，利于生长。可随意设立支架造型，使其形成各种绿色形状。等小花盛开时，会非常漂亮。

蒲包花

◎ 又名荷包花。花形奇特，花冠像两个囊状物，花开时植株上挂满了荷包样的小花，品种多，有黄、淡黄、乳白、紫、橙红等色，花瓣上多嵌有斑点，斑纹，艳丽斑斓。因植株娇小，适宜早春室内摆放，增添春意。

◎ 性喜通风凉爽的环境，要求疏松肥沃，透气性好又排水良好的土壤。一般用腐叶土、园土、河沙按2：2：1混匀，再掺些木炭粉，可防病害。蒲包花喜肥，要常施腐熟的稀薄饼肥水，再间施些复合肥就

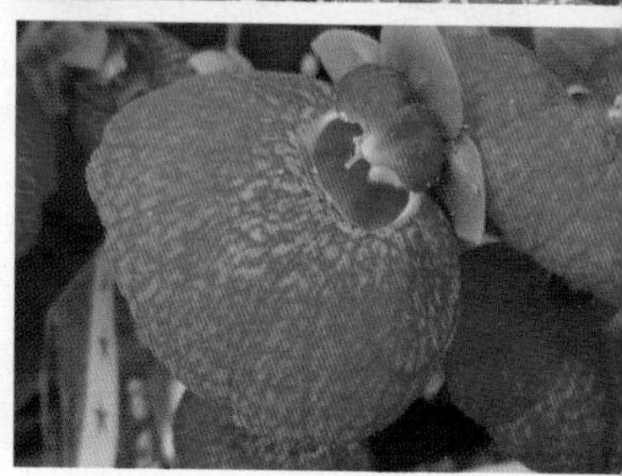

会花繁叶茂。蒲包花对水分较敏感,怕干旱又怕湿。所以浇水要适量，以保持盆土湿润为宜。特别在幼苗期，如果盆土过湿，通风不良，会发生病害，使幼苗倒伏死亡。因蒲包花喜较高的空气湿度，所以要常在盆周洒水，增加空气湿度，以满足生长的需要。生长适温 13~15℃。

◎ 无论浇水还是施肥，都要注意不要留在叶面或株心上,否则会烂叶烂心。开花时不宜喷水，否则会影响结籽。

2 木本花卉

倒挂金钟

◎ 又名吊钟海棠。为多年生常绿灌木。花下垂，萼片红色，花冠有紫、玫瑰红、白色等色，蕊伸出花外。开花时像悬挂的灯笼一样，异常美丽。

◎ 倒挂金钟喜肥，盆土可用腐叶土、沙土和饼肥末，按 5:4:1 配制。生长期间要半月施一次氮磷复合的稀薄液肥。养分如果跟不上，开一次花就不好再开。浇水要见干见湿，开花期盆土过干过湿，都会引起落花落蕾落叶，影响开花。

◎ 摘心是多开花的关键，因为倒挂金钟的花是长在新梢上的，摘心可促发新枝。摘心应从幼苗开始，幼苗长到 10 厘米时摘第一次，一个月后再摘一次，等秋后剪修一下过长、过密的枝条。每一次摘心后，都要少浇水，等新枝长出来再正常浇水。多次摘心就会多开花，也可延长花期。

◎ 倒挂金钟喜凉爽通风、半阴的环境。适温为 15~25℃，30℃以上半休眠，这时易落叶烂根，甚至死掉。所以要：①入夏后将花盆移到通风阴凉的避雨处；②停肥，控水，盆土偏干些才好；③幼苗的抗热力较好，所以扦插培育新苗也是一个好办法。

一品红

一品红

一品黄

◎ 又名象牙红、腥腥木、圣诞红。半常绿灌木，通常高 60~300 厘米。茎干有白色乳汁。最顶层的叶是火红色、红色或白色的，因此经常被误会为花朵，而真正的花是在叶束中间的部分。一品红是盆栽花卉的佳品。

◎ 盆栽，宜于每年早春换一次盆，盆土可用腐叶土、园土、沙土和饼肥末，按 4:3:2:1 混匀配制。一品红怕旱，怕涝，所以浇水要特别注意，不要过干过湿，不然叶子会变黄脱落。夏季，正是生长旺季，应每天早晨浇一次透水，春、秋季要少些。如氮肥不足，会发生落叶，所以要经常施些稀薄饼肥水，也要加些磷肥。一品红喜阳光充足通风良好的环境，炎热季节要适当遮阴，避免强光直射，经常向叶片上喷水，以防卷叶，落叶。一品红不耐寒，霜前入室，放向阳处养护，盆土偏干才好，室温不低于 10℃。

◎ 常见品种有：一品白，苞片乳白色；一品粉，苞片粉红色；一品黄，苞片淡黄色；深红一品红，苞片深红色……

小贴士

一品红的白色乳汁有毒，摘心、扦插时切勿接触，以避免引起皮肤的不适。

龙吐珠

◎ 为常绿藤本小灌木。花萼白色，后转粉红色，呈五角星，花瓣深红色，雄蕊突出花冠之外，异常美丽，是盆栽花卉的佳品。

◎ 性喜阳光温暖湿润的环境，怕强光直射，要求肥沃排水良好的偏酸性土。春、秋季要多给光照，夏季要适当遮阴。生长期间浇水要见干见湿。龙吐珠喜肥，所以要薄肥勤施，开花前多施些磷钾肥。入冬要放在向阳处，停肥，控水，保持 12℃以上。隔 1~2 年于早春换一次盆，并填加新土。可用腐叶土、园土、沙土按 2:2:1 再加少许饼肥末混匀配制。

◎ 生长期发现叶子黄化，可施些硫酸亚铁，叶片会慢慢转绿。

◎ 龙吐珠的枝条细，直立性较差，长高了要设支架让它攀附。因其是在当年生新枝上开花，所以要进行修剪，可在早春换盆时短截（留 10~12 厘米高）促使生发新枝。生长期也要酌情摘心，以维持株型美观，且开花繁茂。

鸳鸯茉莉

◎ 又名两色茉莉。为常绿灌木。小花初开时深蓝色，后变浅紫色，最后变为白色。花期 4~6 月，芳香。

◎ 性喜温暖湿润的气候，喜光也耐半阴，日照充足，则开花良好。要求疏松肥沃，排水良好的偏酸性土。要想植株好看，需在幼苗期开始摘 1~2 次心，促使生发分枝，则株形紧凑美观。

◎ 鸳鸯茉莉的耐风寒力较差，春季出室后，要放在向阳避风处，保持盆土湿润，施些稀薄饼肥水，夏季移到通风凉爽处，防止阳光直射，浇水应充足，但不要积水。

◎ 秋末剪修换盆，利于来年开花。10 月入室，停肥，控水，盆土偏干利于越冬。越冬室温保持 10℃以上。若想使其冬季开花，就需给予充足的光照，提高室温，并继续施肥浇水。

茉莉

◎ 半常绿灌木。花白色，浓香，品种有单瓣、重瓣。夏、秋开花不断，南方可栽植于庭院，北方盆栽。

◎ 盆栽茉莉，隔 1~2 年于早春换一次盆，并进行修剪，一般枝条保留 15 厘米左右，同时剪掉过密、有病虫害枝条及枯枝、老叶，促发新枝，以利开花。春末出室，置于向阳避风处，浇水要见干见湿，入夏后浇水量大些，应每天浇一次透水，如果水不足，则影响生长开花。秋后要减少浇水，冬季应控制浇水。

◎ 生长期间要常施腐熟的饼肥水，孕蕾时施磷肥，平时应施用硫酸亚铁，使盆土偏酸性，以使叶绿花香朵大。霜前入室内向阳处养护，注意通风，越冬室温 10℃以上。

◎ 要让茉莉多开花，还要施追肥。因为每年 3 次抽梢，3 次孕蕾开花，需肥量大。第一期花在 6 月开，第二次在 7~8 月，第三次在 9~10 月，所以应补足肥，才能保证花多又大，香气浓郁。每次的花开过后，都应该剪修，把一些嫩枝的顶端和从基部长出的长枝的顶端剪去，以利长出更多的新枝和花蕾。

◎ 盆栽茉莉，只要全年都放在阳光充足处，多施用磷钾肥，合理浇水、剪修，就会开花良好。

米兰

◎ 又名树兰。常绿小乔木。小黄花，特香，花期长，从春到秋开花不断。南方可栽于庭院，北方盆栽。

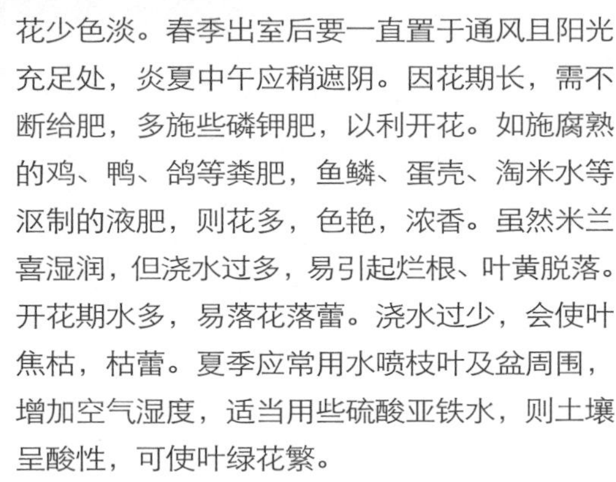

◎ 性喜光，喜高温，喜肥。在高温阳光充足的条件下，叶绿，花多，色鲜，味浓，反之，枝叶徒长，花少色淡。春季出室后要一直置于通风且阳光充足处，炎夏中午应稍遮阴。因花期长，需不断给肥，多施些磷钾肥，以利开花。如施腐熟的鸡、鸭、鸽等粪肥，鱼鳞、蛋壳、淘米水等沤制的液肥，则花多，色艳，浓香。虽然米兰喜湿润，但浇水过多，易引起烂根、叶黄脱落。开花期水多，易落花落蕾。浇水过少，会使叶焦枯，枯蕾。夏季应常用水喷枝叶及盆周围，增加空气湿度，适当用些硫酸亚铁水，则土壤呈酸性，可使叶绿花繁。

◎ 如光照不足，通风不好，易引起花蕾脱落；光照不足，磷肥不足，温度太低，会造成开花少，不开花，香气淡。生长适温 25℃以上。

◎ 室内越冬放阳面窗台上。注意适当通风，盆土偏干稍湿润为宜，停肥。越冬室温 10~12℃。米兰不耐寒，受风寒叶子会脱落，影响安全越冬。所以秋后多施磷钾肥，多见阳光，少浇水，盆土偏干些，可提高抗寒能力。寒露至霜降入室准备越冬。

九里香

◎ 又名千里香、月桔。常绿灌木或小乔木，花白色，浓香，南方多在庭院栽种，北方盆栽，冬季入室越冬。

◎ 要求疏松肥沃的沙质土壤。九里香耐干旱，生长期间不宜浇水过多，盆土保持稍湿润就行。夏季高温季节浇水要充足，但盆内不可积水。常向叶面喷水，可以降温，增加空气湿度，也使叶片显得油绿。生长期间可放在疏荫处，常施些稀薄的饼肥水会生长良好。花后，自结小果实（种籽），挂在枝上，慢慢成熟，由绿变红，与绿叶相间，煞是好看。等果皮发干，即可采摘播种。

扶桑

◎ 又名朱槿，也有俗称大红花。常绿灌木。花单朵生于叶腋间，花有红、黄、粉红色，有单，重瓣，花期特长，如果温度、光照都能达到生长要求，可全年开花。夏季花开得最好。

◎ 要想扶桑多开花，需每年早春换盆，加新的培养土，可用园土、沙壤土、腐熟的饼肥渣，按 6:3:1 混匀配制。生育期间给充足的肥水，干燥季节要经常喷水，增加空气的湿度。因其开花期长，需不断追肥，补充养分，才能保障不断的开花。扶桑是强阳性植物，所以要放在阳光充足的地方养护，如果光线不好，加上盆土总在潮湿状态，会导致烂根，落花，落蕾。浇水过少，也会使叶子发黄，落蕾。10 月入室，应注意适当通风。冬季室温要在 10℃左右，低于 5℃会受冻， 温度太高，植株不能休息，就会影响来年开花。冬季停肥，盆土偏干些才好。春季换盆时应适当剪修。刚出室要先放在向阳避风处，半月后再移到通风向阳处。

◎ 扶桑的剪修很重要，能使株形好，开花多。花谢后，剪除病虫枝，徒长枝，细枝，可促使多发新枝，多开花。扶桑的花是开在当年生的新枝上，所以只有促使多发新枝，才能不断开花。

◎ 扶桑用扦插繁殖。苗长到 20 厘米左右摘心。

金丝梅

◎ 常绿或半常绿小灌木。小枝红色或红褐色，叶对生，卵形或卵状披针形。花金黄色，花瓣圆形，互相重叠，花形如梅，花蕊像金丝，漂亮非凡。花期 5~6 月。

◎ 喜光，耐半阴；耐寒；耐潮湿，忌涝；萌芽力强，要求肥沃排水良好的沙质土。可分株、扦插繁殖。分株从头年 12 月到翌年 3 月均可进行，分栽后遮阴半月，可开花，两年后又可分株。扦插在 9~10 月进行。金丝梅性强健，生长期注意保持盆土湿润，干旱季节及时浇水，开花前后施些饼肥水，适当疏枝管理。冬季入室。

杜鹃

◎ 有先开花后长叶的春鹃，先长叶后开花的夏鹃，花与叶同时长的西洋鹃。杜鹃花有单、重瓣，花色品种繁多，艳丽无比，深受大众喜爱。各种杜鹃虽因产地不同习性有所差别，但对环境的要求，是差不多的。

◎ 杜鹃，喜半阴，怕强光，喜凉爽，怕酷暑。生长适温 18℃左右，冬季不能低于 5℃，西洋鹃还要再高些。夏季 32℃以上就半休眠状。喜通风湿润的环境，要求疏松排水良好的酸性土壤。

◎ 要想养好杜鹃：①用酸性培养土。可用腐叶土、园土和沙土按 7:1:2 混匀，加少量麻酱渣、骨粉等。②合理浇水施肥。浇水，最好用雨水，或者家里养鱼的水，自来水要先放两天，加点 0.2% 硫酸亚铁。杜鹃的根又细又浅，怕旱怕涝，春季孕蕾开花期，水要及时，夏季枝叶生长，气温高，需每天浇一次透水，秋季盆土不干就行，冬季代谢慢，要控制浇水。肥要求薄肥勤施。开花期停肥，不然会落花长叶，降低观赏性。③遮阴。杜鹃花对光有一定要求，但不耐曝晒，所以夏季应适当遮阴。

西洋鹃

马缨丹

◎ 又名五色梅。多年生常绿蔓性灌木。头状花序，小花橙黄或橙色，后变成红或白色。

◎ 性喜阳光充足，不耐荫，喜温暖湿润，不耐寒。霜前入室，放向阳处越冬。室温要不低于10℃。早春出室换盆，适当修剪，填加新培养土。可用腐叶土、园土、沙土和腐熟的饼肥按2:6:1:1混匀配制。浇水要见干见湿，平时施些腐熟的液肥，孕蕾期施0.2%的磷酸二氢钾，可开花良好。

八仙花

◎ 又名阴绣球、紫阳花。花顶生，球形。花径有 20 厘米，有白、粉红、蓝色，花期 6~9 月。变种的品种很多，庭院、盆栽都好。

◎ 八仙花喜阴，宜放在通风良好的阴凉处养护。9 月后光照减弱，应把花盆移到光线较多的地方，以利花芽的分化。八仙花喜肥，常施些饼肥水，加施些硫酸亚铁和磷肥，会花大色艳。因叶子肥大，需水较多，除冬季应控制浇水外，其他时间都要浇水充分，炎热时应常向叶片喷水。霜前入室，控制浇水。室温 5℃左右利于休眠。12 月搬到向阳温暖处，来年谷雨后出室。隔年需换盆，去掉陈土烂根，填加新的培养土。花头太大时，要设支架绑扎。

迎春

◎ 又名金腰带。为落叶灌木。小花金黄成一串串的，早春开放，叶子于花后长出。迎春花耐寒，耐旱，耐盐碱，无需太多管理，开花前后施些肥水就能开花繁茂。扦插繁殖，春秋都可进行。

◎ 盆栽要做剪修工作。迎春花是开在头年秋季生的新枝上，老枝大多不开花，所以开花后要剪除老枝、枯枝、弱枝，以利新枝生发，对过长的新枝，还要摘心， 来年才会开花繁茂。冬季不必入室。

月季

◎ 观花类花木，花色品种繁多，种类主要有切花月季、食用玫瑰、藤本月季、地被月季等。挑选月季时，要选花大、味香、色艳的品种。花蕾球扁，花就小，花蕾球圆，开花就大。枝叶的颜色棕红的，开的花一般为红、深红、紫红色。枝干浅红色，开花一般是淡红、粉红等色。叶片大而厚的，开的花就大，叶片小而薄的，开花就小。

◎ 月季性喜温暖，阳光充足，通风良好，怕炎热，怕阴暗潮湿，要求疏松肥沃的土壤。生长适温 10~25℃。30℃以上要遮阴降温。浇水要干透浇透，春、夏、秋季要在早上浇，冬季要在午后浇，月季喜肥，要想月月开花，就要保证它的营养。忌施生肥、浓肥，应薄肥勤施才好。每次施肥后都要及时浇水，松土。养护月季要放置在阳光充足，通风良好的地方，全日照以利光合作用。平时不断剪修也是促使多开花的重要一环。早春换盆时，要

强剪，从基部剪除枯枝，病枝等，保留 3~5 个粗壮的枝条，每个枝条上保留几个腋芽后截短，这会使其日后形状好，花多且大而艳。

◎ 及时防治病虫害也很重要。月季的主要病害有白粉病、黑斑病；害虫有蚜虫、红蜘蛛。有资料说，用 0.1% 的高锰酸钾液喷洒可防治白粉病，用韭菜叶 50g，捣烂加水 2.5kg, 过滤后喷洒 2~3 次，可防治黑斑病。害虫防治，买农药按说明使用即可。

◎ 家庭养月季，一般用扦插繁殖。插条要选生长健壮，叶片完整的枝条，先剪去枝梢，再截取约 10 厘米，带 2~3 个芽的一段，只留上端 2 个小叶，插入端剪成斜面，扦插后，放背阴通风的地方。25℃左右利于生根。

金银花

◎ 又名金银藤。为攀绕藤本。一梗两花，初开时花白色，稍有紫晕，慢慢变成黄色，芳香，每年一般开 2 次花。金银花藤蔓攀绕，花香宜人，适于垂直绿化，深受大众喜爱。

◎ 性喜光耐阴，耐寒，耐旱怕涝。要求肥沃湿润的土壤。栽种金银花，要选在篱笆或透孔墙边，以利攀爬，第一次花后应摘心，促使第二次再开。干旱季节浇几遍水，施 2 次液肥，有利于生长和延长花期。

红花金银花

常见栽培变种红花金银花，花为红色。

凌霄

◎ 又名紫葳，陵时花。为落叶藤本。花大，花冠漏斗状，钟形。橙红色，花期 6~9 月。适宜美化棚架，拱门。

◎ 性强健喜光，喜温暖湿润，耐阴，耐寒性较差，北方苗期要保护越冬，成活后较好管理。春季剪除枯枝、弱枝，发芽后施些复合肥，经常浇水，即可花繁叶茂。

三角梅

◎ 又名叶子花、九重葛、三叶梅、三角花、簕杜鹃等。花小，三朵聚生，三足鼎立，为常绿攀援状灌木。

◎ 苞片卵圆形，为主要观赏部位，有鲜红色、橙黄色、紫红色、乳白色等。宜庭园种植或盆栽观赏。还可作盆景、绿篱及修剪造型。要求疏松肥沃，排水良好的微酸性土。可用等量沙土、泥炭土、腐叶土、园土混合配制，加少量的腐熟的饼肥渣作基肥。

◎ 三角梅属阳性树种，要放在阳光充足处养护，一般春秋季节每天浇一次水，夏季每天早晚都要浇一次水，冬季半休眠状态，要控制浇水，不干不浇。三角梅喜肥，生长期要经常施肥，半月左右施一次稀薄的饼肥水，开花前施些磷钾肥，炎夏、冬季，都要停肥。

◎ 盆栽，要想植株矮壮形美，需经常修枝。小苗长出5~6片叶时开始摘除顶芽，等萌发的新枝长出5~6片叶时再摘心，要反复进行几次，才会树冠丰满。多年生老株，每年要修剪两次。分别在早春换盆和花谢后新梢生长前进行。这样才能萌发更多的新枝，年年开花繁多。5~6年以上的老株，要重剪。

◎ 如管理不当，三角梅易落叶。原因有：长期放在荫蔽环境、冬季室温低于10℃、室温忽高忽低、炎夏浇水不足、寒冬浇水过多、施浓肥生肥。注意以上几点，就可减少或避免落叶现象。

龙船花

◎ 原产中国，主要分布在南方。植株低矮，花色丰富，南方露地栽培，北方盆栽。花繁叶茂，深受大众喜爱。

◎ 性喜温暖、湿润，阳光充足的环境。适温 20~30℃。要求疏松肥沃、排水良好的沙质土。经常保持盆土湿润，常施腐熟的稀薄饼肥水，间施些磷钾肥，即会花色鲜艳夺目。龙船花不耐寒，越冬室温 5℃以上。

锦带花

◎ 又名文官花。落叶灌木。花生于叶腋或枝顶，漏斗状钟形，玫瑰红色，花期4~6月。

◎ 性喜光，耐寒，耐贫瘠，如果栽植在湿润肥沃、排水良好的土壤里，则生长快开花多。锦带花管理简便，定植时施入腐熟的有机肥，生长季节不用再施追肥，生长、开花就会很好。水不需太多，干旱季节可月浇1~2次水，雨季要注意防止根部积水，否则会引起叶片发黄脱落。入冬浇一次防冻水。

◎ 锦带花的花芽主要长在1~2年生的枝条上，所以，早春剪修，只疏剪枯枝、老枝和弱枝。3年生以上的老枝，要从基部剪除。花后若不想留种子，就及时剪除残花，这有利于枝条的生长和株形的美观。

◎ 锦带花色艳花繁，适宜庭院养植。

3 宿根、球根花卉

鲁冰花

◎ 别名多叶羽扇豆。多年生草本，掌状复叶，多为基生。总状花序顶生，高度40~60厘米，尖塔形，花色丰富艳丽，常见红、黄、蓝、粉等，小花萼片2枚，唇形，侧直立，边缘背卷。可作花坛、花境及切花用花，矮生品种也可盆栽观赏，花期5~7月。

◎ 性喜凉爽，阳光充足，忌炎热，稍耐阴。深根性，少有根瘤。要求土层深厚、肥沃疏松、排水良好的酸性沙壤土质，中性及微碱性土壤植株生长不良。夏季保持盆土湿润，冬季微湿略干。

◎ 羽扇豆生产中多以播种繁殖，自然条件下秋播较春播开花早且长势好，9~10月中旬播种，花期翌年4~6月。

勋章菊

◎ 也称作勋章花。菊科多年生宿根草本植物。花径 7~8 厘米，舌状花白、黄、橙红色，有光泽，基部棕黑色，整个花絮呈斑纹放射状，如勋章。花期自春至秋。适宜布置花坛、花境、草地镶边或作地被，可盆栽，也是很好的插花材料。

◎ 性喜温暖、干燥、光照充足的环境，白天在阳光下开放，晚上闭合。勋章菊对水分比较敏感，每次待盆土干燥后再进行浇水。浇水宜上午进行，以利于叶面在夜间保持干燥，防止病害发生。水分过多会产生徒长，过干会提早开花，且在强光下易灼伤叶面。

◎ 播种繁殖，播种到开花约 80 天。

鸢尾

◎ 别名紫蝴蝶、蓝蝴蝶、乌鸢。多年生草本。叶片碧绿青翠，花形大而奇特，宛若翩翩彩蝶，是庭园中的重要花卉之一，也是优美的盆花、切花和花坛用花。

◎ 喜光，亦耐半阴，喜凉爽，耐寒力强。要求适度湿润，排水良好，富含腐殖质、略带碱性的黏性土壤。

◎ 多采用分株、播种法。分株春季花后或秋季进行均可，一般种植 2~4 年后分栽 1 次。分割根茎时，注意每块应具有 2~3 个不定芽。种子成熟后应立即播种，实生苗需要 2~3 年才能开花。

马蔺

◎ 别名马兰花、蝴蝶花、马莲花。多年生密丛草本。马蔺在北方地区一般 3 月底返青，色泽青绿，绿期可达 280 天。花淡雅美丽，花蜜清香，花期长达 50 天。叶基生，坚韧，灰绿色，条形。花蓝紫色，花被裂片 6，两轮排列，外轮略宽大。

◎ 马蔺根系发达，抗性和适应性极强，耐盐碱。分株移栽繁殖成活率较高。

蜀葵

◎ 又名大熟季花。多年生宿根草本。植株高大，直立不分枝。花大，从下向上次第开放。花色有白、粉红、橙红、桃红、大红、紫、淡黄等。有单瓣、重瓣。花期6~9月。因花大色多，花期长，适于美化庭院。

◎ 性喜向阳，深厚肥沃的土壤，耐寒。可自播繁殖。华北地区可露地越冬。是一种易繁殖、易栽培的花卉。生长期间施些液肥，花蕾形成时再施磷钾肥，适当浇水，便会长势良好，花繁似锦。

花毛茛

◎ 又名波斯毛茛，有俗称芹叶牡丹、露莲。花色丰富靓丽，有白、黄、橙、红、紫等色。花单生于枝顶，或于叶腋间抽出长花梗，花冠圆形，有单、重瓣。适宜作花坛、花境，也可盆栽或作切花。

◎ 较耐寒，不耐炎热，怕强光，喜疏荫，要求含腐殖质高的肥沃土壤。盆栽于 9 月初，将块茎栽入花盆后，放半阴处，保持盆土湿润。花前施 2~3 次稀薄的饼肥水，现蕾后，盆土宜稍干，可选留健壮的花蕾，使花大色艳。花后若不留种，就剪去残花，追些肥料。夏季休眠时，可将块茎取出，或留盆中，放在低温通风处，盆土微湿。秋后再植。

风信子

◎ 别名西洋水仙、五色水仙、时样锦。著名球根花卉。花姿娇美，五彩缤纷，芳香。总状花序顶生，花漏斗形，花被裂片，反卷。花有紫、白、粉、黄、蓝等色。有重瓣品种。适于布置花坛、花境，也可作切花、盆栽或水养观赏。

◎ 性喜阳光充足，凉爽湿润，肥沃、排水良好的土壤。秋植。栽植深度以鳞茎的肩部与土面相平为宜。栽后浇透水，放冷室，保持湿润，促其生根，发芽后移至向阳处，增温至 18~22℃，抽出花梗后，常向叶面上喷水，增加空气湿度，施 1~2 次稀薄的饼肥水，则花大色艳。3~4 月可开花。花后剪去残花梗，以利鳞茎生长。随着气温升高，叶片枯萎，进入休眠，此时可将鳞茎从盆内取出，放通风阴凉处贮存，以备秋后再植。

风信子的鳞茎

秋植深度以鳞茎的肩部与土面等平为宜

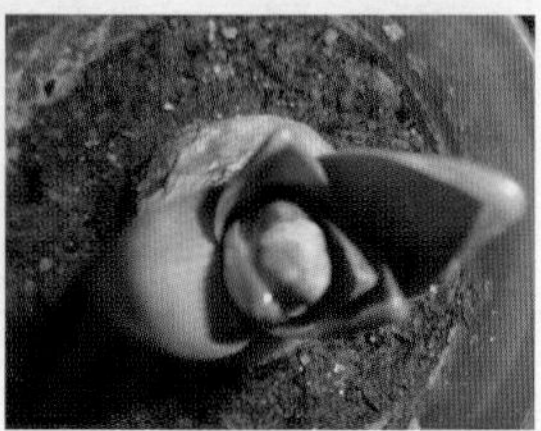

抽出花梗的风信子

小贴士

风信子球茎有毒性，如果误食，会引起头晕、胃痉挛、拉肚子等症状，所以要严防小孩子或者动物的误食。

水仙

◎ 又名雅蒜、天葱。为秋植球根花卉。水仙，叶如翡翠，花瓣洁白无瑕，花心金黄，淡雅幽香，清新圣洁。是中国的传统名花。按花型分，有单，重瓣。单瓣的叫“金盏银台”，香味浓郁。重瓣的叫“玉玲珑”，花型奇特。

◎ 性喜温暖湿润的气候，怕炎热高温，喜水湿，较耐寒。一般喜欢水养，春节观赏，增添节日喜庆。

◎ 一般水养水仙，不用施肥。开花期间不必常换水，如在水中稍加点食盐，可延长花期。

◎ 注意：①用清洁的水，水温不能过高或过低。换水时不要伤到根。②白天放向阳通风处，全日照。③常喷水，保持叶面清洁，既美观又利于光合作用。④不能用铁器养水仙。⑤不能放水果、电视机旁，以防缩短花期。

◎ 水仙头的挑选很关键：①外形扁圆，坚实，表面纵纹间距较宽，中层皮膜紧绷。②顶芽外露饱满，基部鳞茎宽大肥厚，两侧生有小鳞茎。③表皮棕褐色，光泽发亮。④用手捏住水仙头稍用力按压，有柱状物，坚实弹性好的是花芽。

◎ 节前 20~30 天水养：先要刮净枯根，再去除棕褐色的外皮。

放在瓷、陶或玻璃等容器中，用卵石将鳞茎固定，加入清洁的水。以后每天换水，室温保持10~15℃，如经验不足，可过几天再用手慢慢摸，感觉有花芽的地方，可用洁净的小刀，小心切开表皮，使花芽外露。随着气温的变化，可适当移动水仙的位置（调节温度），经过精心养护，春节可开花。

水仙（水仙球从水泡到开花大约20天左右）

◎ 水养过程中，室温过高，光照不足，会使叶儿徒长而花茎发育不良，影响开花。另外，如果想提前看花，最早水养也要霜降以后，因为水仙此时才解除了休眠期。

小贴士

水仙全草有毒，警防小孩误食。

耧斗菜

◎ 又名耧斗花，叶形花形俱佳。适于盆栽，切花。株高 60 厘米左右。花冠漏斗状、下垂，花瓣 5 枚，有蓝、紫、粉红、黄或白色，萼片 5。适宜作花坛、花境材料，也可盆栽及用于切花，初夏开花，因独具特色，深受喜爱。

◎ 性喜凉爽，忌高温曝晒。要求疏松肥沃、排水良好的沙质土壤。苗期应以氮肥为主，花芽生成期施些磷钾肥。幼苗长到一定高时要摘心，促发新枝，使株形好看，开花也多。秋后减少浇水，追施复合肥，以利来年开花。冬季入室。

◎ 多用播种繁殖，春播秋播均可。苗生长 2 年开花。

玉簪

◎ 又名白萼、白鹤仙。花顶生，白色筒状漏斗形，芳香。夏季开花，碧叶白花，清秀淡雅，幽香怡人，花叶观赏性俱佳，是传统的养植花卉。深得国人喜爱。

◎ 性喜空气湿润，半阴半阳的环境，地栽应在大树荫下或院里南墙根下。盆栽，夏天应移到北面阳台或有遮阴的地方养护。深秋可放向阳处，有利生长和开花。玉簪花喜湿润肥沃的土壤，栽种时可加基肥，浇足水，春季常施含有氮钾的复合肥，孕蕾期应用磷钾肥，开花期停肥。每次施肥后，都要及时浇水，以使花繁叶茂。

◎ 冬季休眠，地栽的剪掉地上部分，浇防冻水，在根部盖些细沙保护宿根不冻。盆栽的于霜后入室，室温 2~3℃即可越冬。翌年 4 月出室。适时浇些水，盆土不干即可。

萱草

◎ 又名黄花菜、金针菜。肉质根或纺锤状块根。叶基生，宽线形。花色有淡黄、橘黄，漏斗形，花期 5~9 月。萱草清翠秀丽，是美化庭院的好品种，也是营养丰富的佳肴。

◎ 萱草的根系有逐年向地表上移的特性，故在秋冬之交要在根际培土，并结合锄草。11 月中下旬日渐枯萎，冬季要清除枯枝落叶，保持庭院清洁。萱草栽培简单，易管理，耐寒性强，一次栽种，多年受益。

◎ 萱草根系发达，适应性强。要求排水良好的土壤。一次栽植，可数年不动。所以要深翻土地，施以基肥，才能使其生长良好。春、秋季栽种皆宜。生长期间只要天气不太干旱，就不用浇水。春季发芽后，应适时浇水。栽种第二年开始，全年追施 3 次液肥。分别在新芽长到 10 厘米时，见到花葶时，开花后。生长季节应保持土壤疏松和湿润。

萱 草

金娃娃萱草

同属常见栽培种：金娃娃萱草，是从萱草多倍体杂交种中选出的矮型品种。适应城市环境能力强，病虫害少，花期特别长，5~10 月，适宜花境、花坛栽培或作地被植物。

大丽花

◎ 又名大理花、天竺牡丹、地瓜花，有俗称山药花。粗大纺锤状肉质块根。花大色艳。有白、黄、粉、紫红等色。花期 5~10 月，是布置花坛、花境的好材料，也可作盆栽、切花应用。

◎ 露地栽培，要选地势较高，土壤肥沃，排水良好的地方。大丽花，喜凉爽怕炎热，喜阳光怕荫蔽，喜湿润怕水涝，喜肥沃怕贫瘠。

◎ 盆栽选用矮生品种，用扦插苗于 3~5 月进行。可用园土、细沙、堆肥土按 5:3:2 混合。盆底垫些碎瓦片，以利排水，底部放些腐熟的饼肥渣作基肥，上面再放入培养土。生长期间加强水肥管理。水要不干不浇，浇则浇透。大丽花喜肥，生长期间要半月施一次稀薄肥液，现蕾后一周施一次，并喷施 1~2 次 0.2% 磷酸二氢钾，可促使花大色艳。夏季半休眠期和开花期停肥。因大丽花的茎中空又脆，所以应适时用竹竿支撑、绑扎以免折断或倒伏。花谢后要剪除残花梗，待深秋地上部分枯萎后，将块根挖出，剪去茎叶，放冷室沙藏。也可留在盆内越冬。室温 4℃左右。盆土干时浇少量水，保持盆土略有湿气就即可。

小苍兰

◎ 又名香雪兰。姿态优美，花色靓丽清秀，暗香持久，开花期较长，是人们喜爱的冬季室内盆栽花卉，也是重要的切花材料。

◎ 性喜光，也耐半阴，强光下徒长。怕干，怕湿，怕热，怕寒。要求疏松肥沃、排水良好的土壤。

◎ 花后剪掉花葶，以利球茎生长。炎热天进入休眠，叶片枯黄，此时将球茎取出，放阴凉通风处保存，以备秋植。立秋后再植，口径15~18厘米的盆，可栽大的球茎5~7个，浇透水使其发芽生长。长出3~4片叶子时，10天左右浇稀薄的饼肥水一次。霜降前移室内，生长适温14~20℃。抽出花葶后停肥。因花序长、重，易倒伏，需设支柱，用细绳绑扎。开花后少浇些水，可延长花期，越冬温度6~8℃为好。

仙客来

◎ 又名萝卜海棠、兔耳花、兔子花、一品冠。花形奇特，绚丽多彩。花期长，深受大众喜爱。

◎ 叶片心形、卵形或肾形，叶面绿色，具有白色或灰色晕斑。花朵下垂，花瓣向上反卷，犹如兔耳；花有白、粉、玫红、大红、紫红、雪青等色，基部常具深红色斑；花瓣边缘多样，有全缘、缺刻、皱褶和波浪等形。花瓣通常五瓣。

◎ 性喜排水良好、疏松的土壤，忌黏、碱性土。栽种时，块茎应露出土面 1/2 为宜。仙客来喜光怕热，喜湿怕涝，浇水要见干见湿，保持盆土湿润。以薄肥勤施为好，平时多施腐熟的稀薄饼肥水。夏季，30℃进入休眠期，停肥，控水，放置凉爽通风处养护。10 月后施些磷肥，以利开花。施肥切记别玷污顶芽和叶片，以免造成腐烂。开花间停肥，浇水不可忽多忽少，以免落蕾或引起花早谢。仙客来较耐低温，天冷入室放阳面窗台上，保持 15℃以上即可。

◎ 老株较幼株抗热能力差，花少叶黄，块茎易烂，有花谚：仙客来养小不养老。

葱兰

◎ 又名葱莲、白花菖蒲莲。为春植球根花卉。株高约 20 厘米。花梗从叶丛中抽出，花单生于顶端，白色、红色或黄色，花期 7~10 月。适于花境、花坛、盆栽及切花应用。

◎ 性喜阳光充足，也能耐半阴，要求温暖湿润的环境，排水良好的沙质土壤。盆栽可用腐叶土、园土、河沙混合配制。生长期间要经常保持盆土湿润，干旱季节要常向叶面喷水，增加空气湿度，盛夏放疏荫下养护，生长旺季多施稀薄液肥，冬季入室。

葱 兰

韭 莲

同属植物韭莲又名红花葱兰，菖蒲莲，系葱兰的同属花卉。花红或玫瑰红色。花朵比葱兰大。花期 6 ～ 9 月。耐寒性较葱兰差。

大花葱

◎ 别名巨葱、高葱、硕葱。多年生草本。花色艳丽，花形奇特，管理简便，很少病虫害，适宜切花，也是花境、岩石园或草坪旁装饰和美化的品种。

◎ 鳞茎具白色膜质外皮；基生叶宽带形；伞形花序径约 15 厘米，红色或紫红色。花期春、夏季，喜凉爽、半阴，适温 15~25℃。要求疏松肥沃的沙壤土，忌积水，适合我国北方地区栽培。

◎ 播种或分株繁殖，但播种苗需栽培 4~5 年才能开花，分株繁殖，9 月中旬将主鳞茎周围的子鳞茎剥下种植。

玻璃翠

◎ 又名何氏凤仙。叶片翠绿光亮似翡翠，茎枝透明似玻璃。花色艳丽，品种繁多，有朱红、粉红、洋红、紫红及复色等，绚丽多彩。若温度适宜，全年可开花。

◎ 幼苗期摘心 2~3 次，可多分枝，使株形丰满，花繁叶茂。要求疏松肥沃排水良好的土壤。玻璃翠喜温暖，阳光充足，不耐寒。春、秋放室外向阳处，夏季移到通风凉爽处，忌强光直晒。越冬室温不可低于 12℃，16℃以上能继续开花。浇水、施肥要适量，保持盆土湿润为好。生长期施些稀薄的复合液肥，不可多施氮肥，以免枝叶繁茂开花稀少。

德国报春

◎ 又名欧洲报春、欧洲樱草。植株矮小，花色丰富，有白、黄、橙、粉、红、蓝、紫及复色等，一般花心为黄色。花期长，盛花期正值春节前后，放置于茶几、书桌等处，春意融融，更显节日喜庆。

◎ 栽培土可用腐叶土、园土，加少量河沙。生长前期施稀薄液肥，孕蕾期施磷钾肥，以利生长健壮，花大色艳。施肥应注意不要溅到叶子上，以免伤叶影响观赏。性喜凉爽湿润，生长适温 12~20℃。夏季应放半阴处，浇水要见干见湿，经常保持盆土湿润为宜。

◎ 多用播种繁殖。因不易结籽，故应人工授粉。当种子发暗黑时即成熟，可采收立即播种，则发芽率高，当年可开花。若等秋播，则发芽率低，植株不健壮，开花不好。

德国报春

四季报春

同属植物四季报春，别名四季樱草。花期 12 月至翌年 3 月，可连续不断开花 4 个月，株型小巧，适宜盆栽观赏，是冬春季节室内很好观赏花卉。叶片大而圆，花色有红 、黄、粉、紫、蓝、白等色，并有单、重瓣之分。喜温暖湿润气候，春季以 15℃为宜，夏季怕高温，须遮阴，冬季室温 7 ～ 10℃ 为好，须置向阳处。适宜栽种于肥沃疏松，富含腐殖质，排水良好的沙质酸性土壤中。开花后剪去花梗，经休眠后如管理得当，秋季可再开花。播种繁殖。

红花酢浆草

◎ 别名红花三叶草、铜锤草、夜合梅、大叶酢浆草。多年生常绿草本。细长的叶柄顶端有 3 片倒心形小叶组成的掌状叶。复伞形花序，花红或粉红色，具深色脉。花期 5~10 月。适宜于花坛、花境及林缘片植，也适于盆栽。

◎ 性喜向阳，湿润的气候，对土壤要求不严，但在疏松肥沃、排水通畅的沙质土中生长良好。经常保持盆土湿润，施些稀薄的饼肥水，即能花繁叶茂。不耐寒，华北地区冬季需入室放在向阳处，停肥，控水。6℃以上安全越冬。

◎ 繁殖用分株法，一般于早春结合换盆进行。

红花酢浆草

酢 浆 草

紫叶酢浆草

同属常见品种有：紫叶酢浆草，叶大而紫红色，伞形花序，有花 5 ~ 9 朵，花淡红色或淡紫色；大花酢浆草，伞形花序具 8–12 朵花，花大，玫红至玫紫色；酢浆草，花小，黄色；山酢浆草，花单生，白色或淡黄色，匍匐根茎。

天竺葵

◎ 花色鲜艳夺目，红似朝阳，白如雪。天竺葵种类很多，常见栽培的有：

◎ 天竺葵，又名石蜡红。伞形花序，小花数朵至数十朵，有红、白、玫红、肉红、粉红等色，花期 10 月至翌年 6 月。

◎ 蝴蝶天竺葵，又名大花天竺葵。有淡红、淡紫、白、红等色。花大，花瓣有两块红或紫色斑纹，花期长，是优良的盆栽花卉。

◎ 马蹄天竺葵，又名小花天竺葵。叶缘内有明显的马蹄形斑纹。花小，有白、淡红等色。

◎ 香叶天竺葵，又名摸摸香、拨拉香。叶具香腺，茎叶可提取香精。花小，淡玫瑰红色，有紫红色斑点（纹）。

◎ 盾叶天竺葵，又名蔓生天竺葵。植株匍匐或攀缘状。花小，有白、粉、红、紫等色。盾叶天竺葵是优秀的阳台花槽、悬挂吊篮植物，也常用于矮墙短篱的美化、组合盆栽以及水边配置等。

◎ 性喜阳光充足，气候凉爽，怕酷暑湿热。秋、冬、春都要放在阳光直射的地方。夏季超过35℃进入半休眠状，此时应停肥，控制浇水，把花盆移到阴凉通风的地方，常喷水降温。天竺葵较喜肥，稍耐干燥，怕涝。春、秋两季应施复合液肥，盆内不能积水，否则会烂根。不耐寒，霜前入室。如室温 6~8℃，要少浇水，盆土稍湿润为好，室温若能在 12℃以上，可多浇些水，施些稀薄液肥，可继续生长开花。

蝴蝶天竺葵

天 竺 葵

天 竺 葵

◎ 天竺葵生长快，宜每年秋后换盆换土。多用扦插繁殖，早春、晚秋都适宜。当幼苗长到 12~15 厘米时摘心，以利发侧枝，多开花。

盾 叶 天 竺 葵

香 叶 天 竺 葵

盾叶天竺葵

小贴士

天竺葵对某些敏感皮肤可能有刺激。能调节荷尔蒙，所以怀孕期间以不用为宜。

新几内亚凤仙

◎ 多年生常绿草本。肉质茎，叶片卵状披针形，花有橘红、粉红、白、紫红等色，花期 6~8 月。因花期长，花大色艳，深受欢迎。

◎ 性喜疏松肥沃、排水良好的土壤。喜湿但怕积水，喜光但怕强光直射。夏季要放在遮阴、通风、凉爽的地方，常向叶片和盆周喷水，以利降温和增加空气湿度。生长适温 15~25℃。浇水要干透湿透，常施些复合液肥则生长良好，花大色艳。春季换盆，可用腐叶土、园土、河沙，按 3∶1∶1 配制。剪除残、枯根，浇透水，放背阴处养护，待新叶长出，再移至向阳的地方。

◎ 花谢要及时剪掉残花枯叶，既节省养分，又可提高观赏性。

秋海棠

◎ 秋海棠属的植物有几百种，花有红、白、粉红、黄色及复色。有球根、须根类。常见栽培的有：

◎ 四季秋海棠，又名瓜子海棠。叶色娇嫩，花朵成簇，色彩亮丽，四季开放。花有单瓣、重瓣，花色有红、白、粉红等。叶有紫红、深褐、绿等色。生长适温 18~22℃，25℃以上需遮阴，向叶面和盆周喷水，降温增湿，停肥。深秋是生长旺盛期，移到半阴处，加强水、肥管理，保持盆土湿润。霜前入室，室温保持 15℃以上，减少浇水量，可不断开花。为使多开花，幼苗长到 10 厘米高就要摘心，以促发新枝，成株在开花后，要将残花连同下边一节嫩茎剪除，可萌发新枝，再次孕蕾开花。每次摘心后要少浇水，暂停喷水，以防剪口腐烂。

四季秋海棠

◎ 竹节秋海棠，茎翠绿，多节呈竹节状。叶质厚，具长尖，斜长椭圆形。叶面绿色，有白色小斑点，叶背面紫红色，株型高雅。花小，鲜红或粉红色，花序下垂，长约 10 厘米，姿态优美，夏秋开花，艳丽夺目，花期长。要求疏松肥沃的土壤，隔年换盆，并剪修。对过高的植株重剪，仅留基部 6~10 厘米，以萌发新枝复壮，则花繁色艳。浇水见干见湿，干旱季节要经常向叶面喷水。入夏要把花盆移到通风凉爽且有散射光处，春秋季多见阳光，才有利于花芽生成。生长期施用稀薄饼肥水，孕蕾期施以磷肥为主的液肥，花期不宜施肥。10 月入室，停肥，控水，12℃以上安全越冬。

竹节秋海棠

球根海棠

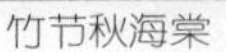

球根海棠

◎ 球根海棠，花大色艳，兼具山茶、牡丹、月季等名花的姿、色、香，居秋海棠之首。花有淡红、白、鲜红、黄等色，有单瓣、半重瓣、重瓣。花期 6~9 月。怕酷暑，不耐寒，生长适温 15~24℃，怕强光曝晒。栽培可用腐叶土、园土、河沙按 5∶3∶2 配置，加少量骨粉作基肥。春季栽植，发芽后放室外半光处，入夏放通风遮阴处养护。球根海棠根浅，发芽期少浇水，保持盆土微湿，生长旺季保持湿润，经常喷水，增加湿度，花期要少浇水，保持盆土半干，休眠期控制浇水，盆土偏干为宜。肥要做到薄肥勤施，生长期施腐熟的稀薄饼肥水，孕蕾期施 0.5% 的过磷酸钙水溶液，炎热夏季、冬季停肥。因植株脆嫩，适时立支柱保护。休眠期温度不得低于 3℃，以防球根受冻。

大岩桐

◎ 又名落雪泥。全株密被白色绒毛。叶对生，肥厚而大，卵圆形或长椭圆形。花大，有丝绒感，色彩亮丽丰富，有白、粉、红、蓝及复色等。花期长，是盆栽花卉的佼佼者。

◎ 性喜温暖湿润、半阴的环境。要求疏松肥沃、偏酸性土壤。夏季遮阴，冬季保温。水肥适时适量。盆栽用腐叶土、珍珠岩、河沙按 3∶1∶1 配制。大岩桐属半阴性花卉，日光强时需遮阴，夏季要放在室内通风明亮处。开花期降温到 12~15℃，花开的时间长。开花后光照多些，利于种子成熟和块茎发育。若不留种，花后要剪掉残花梗，减少养分消耗。植株进入休眠期，枝叶枯黄，要控制浇水，停肥，不低于 10℃可越冬。

蜘蛛兰

◎ 百合科多年生球根花卉。叶对生，宽条状。花葶直立，从叶间抽出。花白色，初开时有绿晕，蕊细长，伸出花冠之外。夏秋开花，是美化庭院的好花材。

◎ 早春结合换盆可分株，盆土可用疏松肥沃、排水良好的沙质土。栽好后浇透水，放向阳通风的地方养护。浇水见干见湿，半月施一次复合液肥，抽出花葶后要少浇水，以防花朵萎黄。秋后盆土应保持略干，以免烂根。花后要及时剪掉残花葶，以利鳞茎生长，确保来年生长正常。冬季休眠入室，严格控制浇水，室温 5℃以上就行。温度高，盆土湿，影响休眠，则对来年生长不利。

君子兰

◎ 叶片对称，排列整齐，四季青翠挺拔，花型优雅，色彩艳丽，深得人们喜爱。

◎ 选君子兰，一要看叶：叶子宽、厚、油亮，叶片长宽比小，叶姿挺拔的为好；二要看花：花箭粗壮圆实的，花大、色艳、朵多，花色朱红、橘红、杏红的为好。

◎ 君子兰一般每隔1~2年春季出室前换盆。因根长，深筒花盆较宜。盆底垫一层煤灰渣，加少量骨粉作基肥。换好盆后，不能马上浇水，以免根的伤口感染，可在植株上喷些水。出室置于半光避风处养护。浇水以保持盆土湿润为好。入夏把花盆移到花荫处，浇水见干见湿，经常向地面上洒水，增湿降温。气温25℃以上暂停施肥。秋季应增加日照，利于花芽分化，同时施些磷钾肥。入室前若经受半月5℃左右的低温再入室，可促使冬季开花。入室放阳光充足处，注意适当通风，盆土保持湿润，室温白天不低于15℃，夜里不低于5℃。成龄植株抽出花葶前，提高室温，加强水肥管理，可开花。

◎ 君子兰叶片不能喷水，这易使污物、病菌随水流入基部，久存易霉烂，使烂心、烂根。叶片上的水珠聚光，易引起叶片灼伤。如不慎水留在叶片上，要用布擦掉。有资料介绍：用湿布蘸少许稀释的米醋，擦拭叶片，既可增加叶面光泽，又可增加营养。若用啤酒擦拭叶片，也可起到如上效果，当然这只是经验之谈。

◎ 君子兰一般需要经 4 年培养，长出 14 片以上叶片时才能开花。如达到此条件，仍不开花，就是管理不当了。如: 冬季室温过高、施氮肥多而少磷肥、浇水过多或过少、夏季强光直射、土壤碱性等，都会造成不开花。但最可能是营养不足。所以，对于开过花的君子兰，应适期换盆，换土，加强水肥管理，才能使其健壮，并孕蕾开花。

◎ 浇水的问题也很重要。君子兰浇水不能等干了再浇，半干就要浇水。使盆土上下经常保持湿润状态。

◎ 君子兰喜疏松肥沃排水良好的微酸性土。盆土要用腐叶土、园土、沙土按 3:1:1 混匀配制。君子兰喜肥，要做到薄肥勤施，切记施浓肥、生肥。生长期要常施腐熟的稀薄饼肥水，夏季一般不施肥，秋季施些磷肥，以利孕蕾，花大色艳。

凤梨

◎ 凤梨科植物，是一个庞大的家族。观赏凤梨挺拔的叶与株型，色彩缤纷的花序，都为人们所爱。

◎ 凤梨有一个特殊的习性，它有一个莲座状的叶丛，叶丛基部有一个能蓄水的叶筒，生长发育所需的水分就储存在那里。所以除经常保持盆土湿润外，还要经常往叶筒里浇水。另一个特殊习性是一生只开一次花，花后母株会死亡。这时从基部或根部会生出新芽，这是繁殖新株的材料。小芽有 10 厘米时，用洁净的小刀带一点母株的根切下来，剥去下面的叶片，晾半天栽入培养土盆里，深度约 2 厘米，放遮阴处，盆土偏干些，在 22~24℃气温下，大约一个月生根。

◎ 凤梨性喜半阴的环境。春、夏、秋可放室内有明亮光处，冬季放阳面窗台上，多见阳光，则生长健壮，开花繁茂。春秋也可放室外半光处，叶、花都会更好。春秋施些腐熟的稀薄饼肥水，夏、冬不施肥。

铁 兰

凤梨科常见观赏植物还有铁兰，又名紫凤梨，花序梗自叶丛中抽出，由粉红色近淡紫色的苞片对生组成。小花由苞片内开出，浓紫红色。观赏期长达 70 ～ 80 天。

大花蕙兰

◎ 又名虎头兰。是对兰属中通过人工杂交培育出的、色泽艳丽、花朵硕大的品种的一个统称。花序近直立或稍弯曲，长60~80厘米，花色有白、黄、绿、紫红或带有紫褐色斑纹，稍香。

◎ 性喜温暖湿润的环境。一般用多孔的陶盆，以蕨根、树皮块、木炭块、碎瓦片等粒状物作栽植材料。喜欢较高的空气湿度和水分，生长旺季要常喷水，利其生长，开花后有段休眠期，要少浇水。生长旺季要多施些稀薄的饼肥水。虽较喜阳光，也不能直射，以免日灼伤，影响观瞻。深秋可多见阳光，冬季放室内向阳处，有利花芽的分化、孕蕾、开花。生长适温10~25℃。越冬温度应不低于10℃。

◎ 分株繁殖，早春进行。

大叶花烛

白 掌

彩 掌

◎ 又名烛台花、红掌、火鹤花等。花挺直，是切花的好材料。花由红色佛焰苞和黄色肉穗花序组成（红掌）。佛焰苞还有粉、白等色（粉掌、白掌），美丽非凡。是花、叶皆佳的观赏花卉。

◎ 性喜温暖，半阴，空气湿度高，排水良好的环境，忌强光直射。栽培要求用疏松肥沃、通气性好的基质，可用草灰土、腐叶土及少量骨粉和少量珍珠岩混匀。生长期间要常施复合液肥。浇水要充足，盆土要干湿相间，大叶花烛喜欢湿润，需经常喷淋叶面，使叶片清洁，也利于光合作用。深秋到来年早春，应控制浇水量，以免引起烂根。生长适温白天不超过33℃，夜间不低于14℃。夏季要移到凉爽通风处，注意遮阴，每天要向叶面上喷雾多次，以利降温增湿。冬季使其多见些阳光，以利花芽形成。

◎ 一般每隔1~2年于早春结合换盆，将老、枯根剪去，栽深些，加基肥和新的培养土，补充营养，以利花叶美艳。

粉 掌

红 掌

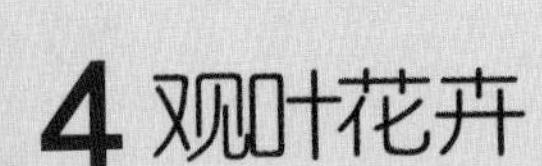

4 观叶花卉

彩叶草

◎ 又名洋紫苏，有俗称老来俏。为唇形科多年生草本。叶对生，卵形，顶端尖，边缘有锯齿。叶由红、紫、白、黄等各色相嵌，美丽非凡。圆锥花序，蓝色或淡紫色。彩叶草叶色多变，五彩缤纷，作为优良的盆栽观叶花卉，是美化阳台、配制花坛的佳品。

◎ 性喜温暖湿润、阳光充足的环境，也耐半阴，不耐寒。冬季室温15℃以上，叶片才不下垂，不脱落。要求疏松肥沃、排水良好的沙质土。

◎ 幼苗期要多次摘心，促发新枝，可使株型丰满。花后应及时摘除花序，减少养分的消耗，否则株形松散，叶色暗淡，影响观赏。

◎ 生长旺季，施些复合液肥，就能生长良好。肥水过多，会引起徒长，株形高大，节间过长，叶片稀疏，降低观赏性。除炎夏需遮阴防强光曝晒外，其他季节可让其多接受阳光照射，则叶色鲜艳美丽。

◎ 扦插或水插繁殖，一年四季均可进行，极易成活。

天门冬

◎ 又名天冬草。为百合科多年生半蔓性常绿草本。具纺锤状肉质块根。枝线形，簇生，叶为鳞片状或短刺状，花白或淡红色，浆果鲜红色。

◎ 性喜温暖湿润的环境，喜光，耐半阴，怕强光。要求疏松肥沃、排水良好的沙质土。结合 4 月换盆，剪掉部分老根，添加新土，可用腐叶土、园土、河沙按2:2:1混合配置培养土。天门冬肉质根怕水涝，平时浇水不宜过多，夏季多些，干燥季节需每天向植株和周围喷水，增加空气湿度，保持枝茎清新。春秋季可放室外养护，加强水肥管理。冬季放室内阳光充足处，室温不低于 5℃，控制浇水，常喷洗枝叶，以利枝茎清新。

◎ 天门冬枝茎垂悬，盆栽置于几架上，潇洒飘逸，颇有情趣。也可摆放在盆花群的前沿，增强整体美感。

文竹

◎ 又名云片松、刺天冬、云竹，为多年生常绿藤本观叶植物。其叶片纤细秀丽，密生如羽毛状，翠云层层，株形优雅，独具风韵，深受人们的喜爱。以盆栽观叶为主，又为重要切叶材料。主茎上的鳞片多呈刺状。花小，两性，白绿色，花期春季。浆果球形，成熟后紫黑色。

◎ 适生于排水良好、富含腐殖质的砂质壤土。生长适温为 15~25℃，越冬温度为 5℃。其浇水很关键，要做到不干不浇、浇则即透，经常保持盆土湿润，炎热天气需经常向叶面喷水，入冬后可适当减少浇水量。由于文竹生长迅速，必须加以整形，新生芽长到 2~3 厘米时，摘去生长点，可促进茎上再生分枝和叶片，并能控制其不长蔓，使枝叶平出，株形丰满。适时转动花盆的方向，可以修正枝叶生长形状，保持株型不变。适于在半阴、通风环境下生长，夏秋季要避免烈日直射，以免叶片枯黄。

◎ 播种或分株繁殖，分株繁殖在春季换盆时进行。

虎耳草

◎ 又名金钱吊芙蓉。为虎耳草科多年生常绿草本。具丝状紫色匍匐茎，茎顶端常长出幼株。叶片宽阔，肉质，呈心状圆形，叶面深绿色，有白色网状脉纹，叶柄长，背面及叶柄紫红色，花期夏季。变种有红叶虎耳草、红斑虎耳草等。

◎ 性喜阴湿环境，怕干燥，干燥的空气会使叶片焦边。耐水湿，要求疏松肥沃的沙壤土。一年或隔年换一次盆。全年都可放室内有散射光处。若春秋季移室外阴湿地方养护一段时间，则会更加健壮。生长旺季可施些腐熟的稀薄饼肥水。要经常保持盆土湿润，以免叶片发黄枯萎。冬季室温8℃左右可越冬。

◎ 虎耳草叶形圆润，叶面有茸茸的白毛，叶脉分明，一年四季充满生机，特别是红丝幼苗，格外有趣，是好看好养的观叶品种。

铁线蕨

◎ 又名铁线草。为铁线蕨科多年生常绿草本。叶密生成丛，叶柄细长，紫黑色，油亮，硬如铁丝。叶片卵状三角形，细裂，裂片斜扇形，深绿色。

◎ 性喜温暖湿润、半阴的环境，怕强光直射。要求疏松肥沃的沙壤土。用腐叶土、园土、河沙按2:2:1配制。生长期间要浇水充分，保持较高的空气湿度，常向枝叶喷水，以保叶色深绿。铁线蕨需肥不多，常施稀薄的饼肥水即可，若加些钙肥更好。铁线蕨虽属阴性植物，也需一定的光照。春、夏、秋三季应放在东、北边窗台上，冬季放南边窗台上，保持空气湿润。有枯叶应及时剪除，有利于新叶萌发，也显得清新美观。若叶丛过密拥挤，会生长衰弱，叶片发黄，可剪除老叶。冬季室温12℃以上，可保持叶片鲜绿。

◎ 铁线蕨生长快，宜每年春季换盆，填加新土。

◎ 可结合换盆时分株繁殖，分株时注意少伤根，利于成活。

鸟巢蕨

◎ 又名巢蕨、山苏花。为铁角蕨科多年生常绿附生性草本。根状茎短，叶丛生于根状茎顶端，形似鸟巢。革质叶片阔披针形，两面亮绿。

◎ 鸟巢蕨叶色翠绿，叶形奇特，姿态优雅，盆栽置于厅室，能给人带来愉悦的心情。

◎ 性喜温暖多湿的荫蔽环境。因鸟巢蕨原生地多系潮湿丛林，为附生植物，所以只需少量光照即可生长良好，故常年可放室内明亮处养护。生长期间浇水要充足，冬季保持盆土稍湿润即可，夏季要常喷水，否则易引发叶缘卷曲干枯。生长旺季要常施氮磷混合肥，就会不断长出新叶。冬季温度 15℃，能继续生长。

◎ 每隔一年换一次盆，盆土可用腐叶土、蛭石、河沙加些骨粉混匀。如用多孔花盆，先垫些碎砖块，再放蕨根，再栽入鸟巢蕨，长势会更好。

花叶芋

◎ 又名彩叶芋。为天南星科多年生块茎花卉。株高 30~50 厘米，叶柄细长，叶片长心形或盾状箭形。叶片的花纹、颜色，异常美丽。绿叶上生有白、红、粉等各种色彩的斑块和斑纹。

◎ 性喜温暖多湿、半阴的环境，忌干燥的空气和强光直射，不耐寒，生长适温 21~27℃。要求舒松肥沃的土壤，盆栽可用腐叶土、园土、河沙按 3:1:1 混合配制，

另加少量骨粉作基肥。生长期要常施复合液肥，氮肥过多，叶片的彩斑就会褪色。施肥不要玷污叶片，以免焦叶。春秋要保持盆土湿润，水大则块茎易烂，水少盆土干燥，则叶片凋萎。夏季是花叶芋的生长旺期，浇水要充足，每天还要向叶面及盆周喷水，降温增湿，才能使叶片姣美。秋季需施磷钾肥，以促块茎生长。气温降到15℃以下，叶片发黄开始进入休眠，这时要减少浇水。花叶芋喜半阴怕强光，如光照太弱，叶片徒长，细弱瘦长，色彩暗淡，光太强则叶片易被灼伤，所以光照要适宜。

◎ 夏季要放在室内通风良好的光线明亮处，春秋放在半阴处。如有花茎抽出，要及时剪除，减少养分消耗，以利叶片生长。发现变黄下垂的老叶也要摘掉，利于萌发新叶。

◎ 花叶芋一般11月至翌年3月为休眠期，此间应少水停肥。越冬放室内阴暗处，14~17℃适宜。室温太高（超过30℃），不利休眠，影响来年生长。

◎ 绚丽多彩的花叶芋，是当今世界最流行的观叶花卉。无论是它的娇容，还是它缤纷的色彩，都会给人以美的享受。

网纹草

◎ 爵床科多年生常绿草本。叶卵圆形，对生，翠绿色，有银白色网状叶脉，株型矮小。常见的品种有：红网纹、小叶白网纹等。

◎ 性喜高温、高湿、半阴的环境。怕干旱，怕寒冷。要求疏松肥沃、保水力强的土壤。放在室内有明亮散射光处就能生长良好。生长适温 25℃左右，冬季不能低于 15℃，否则会引起落叶或死亡。春、夏、秋浇水都要充足，干旱季节要常向地面洒水，以增加空气湿度，因叶片娇嫩不可喷洒叶面，以免引发叶片腐烂。生长旺季要常施复合化肥或稀薄液肥，但不要玷污叶片，以免灼伤。

◎ 从幼苗起需多此摘心，促发新枝，才会使株形丰满。对 1~2 年以上的老株，基部的叶片易脱落，应重剪，促发更多的新枝。

◎ 网纹草叶面上的网状花纹，给人以美感，适宜放在几案、窗台上欣赏，作为吊篮悬垂，效果会更佳。

豆瓣绿

豆 瓣 绿

西瓜皮椒草　　皱叶椒草

◎ 又名椒草，为胡椒科多年生常绿草本。叶片卵圆形，叶柄和枝条深红色。穗状花序，小花绿白色。常见的品种有：花叶豆瓣绿、白叶豆瓣绿。性喜温暖湿润、半阴的环境。怕高温，忌强光，要求疏松肥沃、排水通畅的土壤。可用腐叶土、园土、粗沙按 6:3:1 混匀。生长期间常施些稀薄的液肥，浇水要见干见湿，盆内不得积水。干燥季节要常向叶面上喷水，以保叶色青翠。全年都可放室内有明亮的散射光处养护。夏季要注意通风，浇水少些，否则基部叶片易腐烂。冬季室温低，要控制浇水。生长适温 20~25℃，越冬 12~15℃为宜。

◎ 每隔 2 年短剪一次，促其萌发新枝，会枝叶丰满，叶色碧绿。

◎ 繁殖可于春末，剪取顶端健壮的枝条约 10 厘米带 3~4 个叶片插入素沙中，保持湿润，约 3 周可生根。此外，豆瓣绿还非常适宜水培。

◎ 豆瓣绿是小型观叶花卉，叶片光亮碧绿，四季常青，清爽宜人，深受人们喜爱。

同属常见品种有：

（1）皱叶椒草，也称皱叶豆瓣绿、四棱椒草叶圆心形丛生于短茎顶，叶面浓绿有光泽，且折皱不平。花穗草绿色，花梗红褐色。喜半日照或明亮的散射光。生长适温 25~28℃，越冬温度不得低于 12℃。喜温暖湿润环境和排水良好的砂质壤土，不耐积水，但喜欢空气湿度大的环境．扦插、分株或叶插繁殖，成功率很高。

（2）西瓜皮椒草，亦称豆瓣绿椒草，为多年生草本植物，终年常绿。短茎上丛生西瓜皮状盾形叶。穗状花序，花小，白色。生长适温为 20~28℃，耐寒力较差，冬季要求室内最低温度不得低于 10℃，否则易受冻害。盆栽宜选用以腐叶土为主的培养土。平时要摆放在半阴处培养，切忌强光直射。生长季节应保持盆土湿润，但盆内不能积水，否则易烂根落叶，甚至整株死亡。每月施 1 次稀薄腐熟饼肥水。若施肥过多，尤其是施氮肥过多，且缺乏磷肥，易引起叶面斑纹消失，降低观赏价值。常用分株和叶插繁殖。

孔雀竹芋

◎ 又名蓝花焦。为竹芋科多年生常绿草本。叶片长卵形或卵圆形，叶面上有白、黄绿、墨绿色相间的羽状斑纹。性喜高温多湿半阴的环境，耐阴性较强。在室内明亮散射光条件下生长良好。适温18~22℃。要求疏松肥沃的土壤，可用腐叶土、园土、沙土按3:1:1混匀配制。生长期间常施稀薄液肥，一般氮磷钾比例2:1:1，会使叶色亮丽。浇水要保持盆土湿润，夏季需每天向叶面、盆周喷水，增湿降温，以利生长。受强光直射，易使叶缘枯焦，但长期光线阴暗，也会使叶片失去光泽。所以，冬季要放在光线充足处，停肥，控制浇水，用常温水经常喷洗叶面，以保叶色美丽。室温15℃以上越冬。

◎ 每年春季换盆，填加新的培养土，以利生长。结合换盆，可分株繁殖。

◎ 孔雀竹芋，叶色华丽，如开屏的孔雀，是观叶花卉中的佳品。

孔雀竹芋

青苹果竹芋

箭羽竹芋

天鹅绒竹芋

同属的种类很多，常见的有：天鹅绒竹芋、箭羽竹芋、白脉竹芋、青苹果竹芋（圆叶竹芋）等。

一叶兰

◎ 又名蜘蛛抱蛋。百合科多年生常绿草本。其浆果呈球形，外形似蜘蛛卵被叶丛抱着。叶单生，深绿色，有光泽，叶柄坚硬挺拔，中央有槽沟。

◎ 性喜温暖湿润、较荫蔽的环境。要求疏松肥沃排水良好的沙质土。生长期间每天浇水，并喷水，以保较高的空气湿度，可免叶尖枯焦。常施薄肥，及时清除黄叶，叶片才会翠绿而有光泽。一叶兰耐阴性强，可常年放室内光线明亮处养护，但需注意通风。萌发新叶时，光不能太暗，不然新叶会长得细长，影响观瞻。冬季要减少浇水，以免烂根，可用常温水喷洗叶面，以保持叶面清洁。一叶兰耐寒性较强，室温 5℃以上即可越冬。

◎ 隔 1~2 年于春季换盆，填加新的培养土，结合换盆，可分株繁殖。

◎ 一叶兰，叶片挺拔，浓绿光亮。因其耐阴，所以是室内光线较差的地方美化的良好品种。切叶可作插花的陪衬材料。

花叶万年青

◎ 又名黛粉叶。为天南星科多年生常绿草本。叶聚生茎干上部，呈长椭圆形或披针形。浓绿色，叶片上有不规则的白色或浅黄色斑块。常见的品种有：乳斑花叶万年青、白纹花叶万年青等。

◎ 性喜温暖湿润半阴的环境，要求疏松肥沃、微酸性的沙质土，可用腐叶土、园土、少量河沙和骨粉作培养土。因较耐阴，放室内明亮处养护，就会生长良好。春、秋季需多见些阳光。遭受曝晒，会使叶缘、叶尖焦黄。生长期间需水量不大，盆土发白再浇。夏季水应充足，要常向叶面、盆周喷水，以利降温增湿，使其生长健壮。花叶万年青不耐寒，越冬室温应在 15℃以上，低于 10℃叶片就会变黄、脱落。生长期常施些薄肥，但越冬要停肥，控制浇水，用常温水经常清洗叶面，增加湿度。

◎ 万年青喻意吉祥，有万古常青的象征。花叶万年青的叶片，色调鲜明，四季常青，是现今最流行的观叶花卉之一。

小贴士

该属植物的叶及茎部汁液有毒，对皮肤和呼吸道黏膜有刺激作用，所以要摆放在儿童不易触及的地方。

银脉单药花

◎ 爵床科常绿灌木状草本。叶对生，卵形或椭圆状卵形，深绿色，有光泽。叶面上有银白色的条纹状叶脉。穗状花序顶生，花苞金黄色，夏、秋季开花。

◎ 性喜温暖湿润的环境，喜光，怕强光直射。盆土可用腐叶土、少量园土和河沙混匀。初夏到初秋，是花芽分化、孕蕾期，要半个月施一次复合液肥，才能生长健壮。生长适温 20~25℃，越冬适温 10℃以上。生长期间可放室内光线较充足的地方。盛夏不要强光直射，因其叶面较大，水分蒸发快，所以浇水要充足。还要常向叶面上喷水，才能保持盆土湿润。花后逐渐进入休眠期，浇水过多会烂根烂叶，所以要控制浇水。已落叶的，可把枝条剪去，促其萌发新枝。

◎ 扦插繁殖。可于早春剪取根芽，6 月剪取顶芽或带叶的茎段进行扦插。

◎ 银脉单药花，叶色斑斓，花形奇特，是花叶俱佳的观赏花卉。

瑞典常春藤

◎ 别称南方香茶菜，唇形科常绿藤本或蔓性草本。叶片稍厚，卵圆形，绿色有光泽，叶缘有锯齿，叶柄长，叶背紫色。茎绿色，柔软，枝条向下悬垂。

◎ 性喜温暖湿润的环境。耐阴性强，夏季要放在北窗台上，可免强光直射，以防叶片变黄，秋冬春要放在南窗附近，长期在阴暗处，会使枝叶徒长，叶色无光。生长适温 20~25℃，越冬适温 10℃以上。生长期间要常摘心，才能促发新枝，使株形丰满美观。经常保持盆土湿润，半月施一次液肥，每年换一次盆。盆土可用腐叶土、园土等量混合。

◎ 瑞典常春藤形态优美，耐阴，放在室内几架、柜顶或做吊篮悬挂都是不错的选择。

常见同属植物有常春藤、花叶常春藤。

瑞典常春藤

花叶常春藤

常 春 藤

鹅掌柴

◎ 又名鸭脚木、伞树。五加科常绿灌木。掌状复叶，小叶6~9片，椭圆或卵状椭圆形，叶片革质，有光泽。白色小花，有香气。

◎ 性喜温暖湿润，耐阴，怕强光直射。生长旺季要经常保持盆土湿润，常向叶面上喷水，以增加空气湿度。越冬温度低于12℃则会引起落叶。

◎ 鹅掌柴易萌发徒长枝，需经常整形修剪。多年老株过于庞大时，可结合换盆进行重修剪，去掉大部分枝条，同时把根部切去一部分。常用扦插繁殖。

◎ 鹅掌柴四季常春，植株丰满优美，易于管理，能耐弱光，是优良的室内盆栽植物，其大型盆栽植物，是布置宾馆大厅的上佳观叶植物。南方地区常作为绿篱露地栽植，也可庭院孤植。

小贴士

鹅掌柴叶片可以吸收空气中的尼古丁和甲醛等其他有害物质。

绿萝

◎ 别名黄金葛，石柑子等，天南星科常绿藤本。茎粗壮，可达数米长，节有气生根。叶深绿色，卵状心形或长椭圆形，叶面常生有不规则的黄色条纹或斑块，洒脱秀丽。

◎ 性喜温暖多湿、半阴的环境。要求疏松肥沃、排水良好的沙质土。绿萝较耐阴，可常年放室内养护。春、夏、秋可放通风好的阴面窗口附近，冬季可多见些阳光。长期放阴暗处，会使茎节间变长，株形稀散，叶面上的黄色条纹或斑块变小，色淡，甚至消失。如放室外，应注意遮阴，防强光直射，不然新叶会变小，色暗，也会灼伤叶缘。生长适温 20~30℃，冬季室温要求15℃以上。生长季节要经常保持盆土湿润，忌干燥，以免黄叶，浇水过多或盆内积水，会烂根枯叶，冬季应控制浇水。干燥气候应常向叶面喷水，以使叶片青翠。在生长旺季，半月施一次氮磷复合液肥，即可生长良好。

◎ 幼株应每年换盆，成株可隔年换盆。盆土可以腐叶土、园土为主，加少量河沙混匀配制。

◎ 绿萝非常适合水培，可剪下匍匐枝插入各种造型的水培容器中，置于几案、床头、书架上，清新而活泼。水培需每周换水一次，生长期间施些稀薄的复合化肥，及时剪除黄叶。

◎ 繁殖多用扦插法，春、秋季进行。

◎ 绿萝叶色光亮青翠，茎蔓弯曲下垂，斑叶黄绿相间，飘逸清雅。适宜盆栽吊挂，或放置几架任其垂悬生长，摇曳潇洒，是深得人们喜爱的观叶花卉。

小贴士

绿萝是天然的“空气净化器”，能有效吸收空气中甲醛、苯和三氯乙烯等有害气体。

龟背竹

◎ 又名蓬莱蕉。天南星科常绿藤本。茎粗壮，茎节上生有细长的气生根。幼叶心脏形，长大后呈广卵形，革质，羽状深裂，深绿色，叶脉间有穿孔，孔裂纹如龟的背纹。佛焰苞浅黄色，革质，边缘反卷，内生一肉穗状花序，浆果球形，成熟可食用。

◎ 性喜温暖湿润、半阴的环境，怕干旱，怕寒冷，要求肥沃、保水性强的微酸性土壤。龟背竹耐阴，常年都可放在室内有明亮散射光处养护。生长适温 20~25℃。养好龟背竹，浇水、施肥很重要。因其叶片大，水分蒸发快，所以浇水要宁湿不干，盆土应经常保持湿润，但不能积水，常向叶面喷水，保持空气湿度，叶才会碧绿。秋后浇水量应减少，冬季室温不低于 10℃，盆土要偏干些，因温度低，浇水过多，易烂根黄叶，应常用湿布擦拭叶面，使叶片清新光洁。龟背竹根系发达，吸肥力强，生长期间，半月要施一次稀薄液肥，生长旺季还要用 0.1% 尿素与 0.2% 磷酸二氢钾的混合水溶液喷洒叶面、叶背，可使茎叶肥大，碧绿有光泽。龟背竹生长快，要适时设立支架并绑扎，以防倒伏。繁殖用扦插法。

◎ 每年春季换盆，填加新的培养土，可用腐叶土、园土与少量河沙混匀，再加少量骨粉作基肥。对于太多而长的气生根，可缠绕于植株周围。

◎ 龟背竹叶色油绿，形态奇特，耐阴性强，摆放在厅堂、书房、办公室、会议场合，都会显得典雅大气，高洁挺拔。大型盆栽龟背竹更是宾馆大厅的主要骨干材料。此外，龟背竹叶型奇特，可作为鲜切花中的切叶材料。

小贴士

龟背竹具有夜间吸收二氧化碳，白天再把二氧化碳分解出来，进行光合作用的奇特本领。据测定，龟背竹吸收二氧化碳的能力比其他花卉高 6 倍以上。同时，还能清除空气中有害物质甲醛。

富贵竹

◎ 又名万寿竹。龙舌兰科常绿亚灌木。直立，不分枝，株高可达 1 米以上。叶长披针形，浓绿色。常见栽培的品种有：金边富贵竹、银边富贵竹，都是很好的观叶植物。

◎ 性喜温暖湿润，遮阴的环境，忌烈日曝晒。要求疏松肥沃的土壤，可用腐叶土、园土加少量河沙配制，再加少量焙干捣碎的蛋壳作基肥。生长期间经常保持盆土湿润，全年施 3~5 次稀薄饼肥水，即可叶色浓绿。富贵竹喜散射光，可放室内光线明亮处。夏季避免阳光直射，以防叶片褪色，暗淡无光。冬季可使其多见些阳光，以使生长健壮，叶色青翠。越冬温度保持 10℃以上。

◎ 每隔 1~2 年于早春换盆，剪除部分老根，填加新的培养土。

◎ 富贵竹亭亭玉立，茎叶青翠如竹，四季常青。摆放于书房、卧室、客厅，带给人富贵吉祥之感。富贵竹常被制作成“塔状”、“笼状”造型的“开运竹”，颇受欢迎。

◎ 富贵竹水养于玻璃瓶内，新、老根白黄相间，生机盎然。

◎ 水养的要领：①将基部叶片剪去，用利刀切成斜口，插瓶，3~4 天换一次水，约半月生根。②生根后不换水，水少了要及时加水，以免造成叶黄。③加少量营养液使其粗壮翠绿，最好不要施化肥，以免烧根或徒长。④不能放在电视机旁或空调、电风扇常吹到的地方，以免叶尖及叶缘干枯。

5 观果花卉

观赏辣椒

◎ 茄科多年生草本或小灌木。常作一年生花卉栽培。分枝多，花小，多为白色。浆果直立或下垂。形状有球形、圆锥形、长指形等。成熟后有白、黄、红、紫、黑、橙色等。

◎ 性喜高温向阳、干燥的气候，不耐寒。要求肥沃湿润的土壤。适宜盆栽观果，也可露地成片栽植。

◎ 盆土选用园土、河沙加少量饼肥末混匀，春季播种。生长期间给适量肥水，即可生长旺盛。开花时浇水要少些，以防落花。坐果后盆土要保持略湿润，同时施些磷肥，可使果大色艳。霜前移室内观赏，减少浇水，以免落果。

冬珊瑚

◎ 别名珊瑚樱、吉庆果等，直立小灌木。常作一二年生花卉栽培。花单生或数朵簇生于叶腋，花冠白色。果实圆球形，成熟后红色或黄色。

◎ 性喜温暖向阳。长期放阴暗处，会使枝叶徒长，花少，果小或无果。

◎ 冬珊瑚于早春播种繁殖。从幼苗定植后要多次摘心，以利多发分枝，生长期间常施稀薄的饼肥水，浇水以经常保持盆土湿润为宜。开花期间停肥，减少浇水量，否则易造成落花落蕾。等果实长到绿豆般大小，再照常浇水，施肥。孕蕾后可施些磷肥，以使果大色艳。冬季入室，室温10℃以上，减少浇水量，盆土应偏干才好，否则会落果。对于生长过旺的植株，应剪修，以保持株形美观。

◎ 要想第二年还开花结果，可在早春结合换盆时剪修老根和枝条，填加新的培养土，可用园土、沙土混合配制，以利重发新枝开花结果。

◎ 冬珊瑚入冬果红，不易掉落，是冬季不错的观果花卉。

代代

◎ 别称代代花、回青橙、玳玳，芸香科常绿灌木或小乔木，酸橙的变种。嫩枝上有短刺。花单生或簇生于叶腋，白色，芳香。花期 5~6 月。果实圆形或椭圆形，成熟后为橙黄色，如不摘，来年春暖后变青绿色，继续生长，入冬后又变橙黄色，可在枝上挂 2~3 年，能在同一枝株上几代果实共存，取意代代相传。

◎ 性喜温暖湿润、阳光充足的环境，要求肥沃、排水良好的微酸性土壤。可用腐叶土、园土、沙土按 1:1:1 混合配制。代代喜湿润，夏季浇水要充足，应常向枝叶上喷水，但盆内不能积水。秋凉后浇水量要减少，否则冬季会落叶。代代喜肥，春季常施腐熟的饼肥水，五月施磷、钾肥。花期氮肥太多，会引起落花、落蕾。秋季减少施肥，限制生发新梢。代代喜阳光充足环境，光线不足会徒长枝叶，不开或少开花结果。生长适温 22~27℃，超过 35℃会落果，故夏季要注意遮阴。霜前入室放向阳处，控制浇水，盆土要偏干为宜。0℃以上可越冬。

◎ 隔 1~2 年应于早春换盆，结合换盆剪除部分老根、枯枝、密枝、病虫枝、纤细枝，把保留的枝条剪短 1/2，以利新枝生长。换盆时要填加新的培养土。

◎ 代代，花香果美，是优良的盆栽花卉，也是制作盆景的好材料。鲜花还可提取香精。

金橘

◎ 芸香科常绿灌木或小乔木。叶互生，花白色，极香。果皮金黄或橙黄色。金橘具“三多三小”的特征：枝、叶、果多，花、叶、果小。

◎ 性喜温暖湿润、阳光充足的环境，不耐阴，要求疏松肥沃的微酸性或中性土壤。喜湿润怕积水，过湿易烂根。春梢萌发前重剪，保留几个上年生的健壮枝条，每个枝条上保留几个饱满芽。待春梢 15~20 厘米时摘心，促发夏梢，夏梢约 6~7 厘米时，再摘心。从花期到幼果期对水分较敏感，水过量会落花落果，盆土过干，会使果柄脱落，所以此间盆土应保持不湿不干的状态。金橘喜肥，应多施磷、钾肥，才能多结果。生长期，十来天就应施一次液肥，坐果初期停肥。如花、果太多，要适当疏理（待果蚕豆大时），使全株挂果均匀。每周施肥一次，秋后控制施肥，待果实黄时停肥。浇水、施肥后应及时松土。入冬放冷室向阳处，室温 3~5℃最宜。次年谷雨出室，放阳光充足处养护。

◎ 金橘，四季常青，夏季开花，芳香怡人，秋冬果熟，味甘色丽，绿叶金果，勃勃生机。摆放厅堂、居室，充满雅趣。金橘是中国南方最受欢迎的年宵花卉，也是最好的贺岁物品，有吉祥招财之意。

石榴

◎ 又名安石榴。石榴科落叶灌木。叶对生，倒卵形或披针形，花鲜红色，夏季开花，果实球形，成熟的果皮铜红或酱褐色，久挂不落，是传统的观花、观果花木。

◎ 石榴分花石榴、果石榴两类。作为观赏的叫花石榴，作为食用的叫果石榴。花石榴株小，花多，从夏至秋开花不断，果小且少。果石榴株型高大，花少，坐果率高，花期 5~6 月。

◎ 性喜阳光充足、温暖的环境，较耐寒，耐旱，怕涝，要求疏松肥沃的土壤。

◎ 地栽应选阳光充足、土壤肥沃、排水良好的地方。栽前深翻土地，施足基肥，生长期间施两次液肥，开花期停肥，结果后少施肥可免落果。花石榴开花后应再施一次追肥，生长期间适当摘心，干旱季适当多浇些水。冬春之间要疏枝剪修。

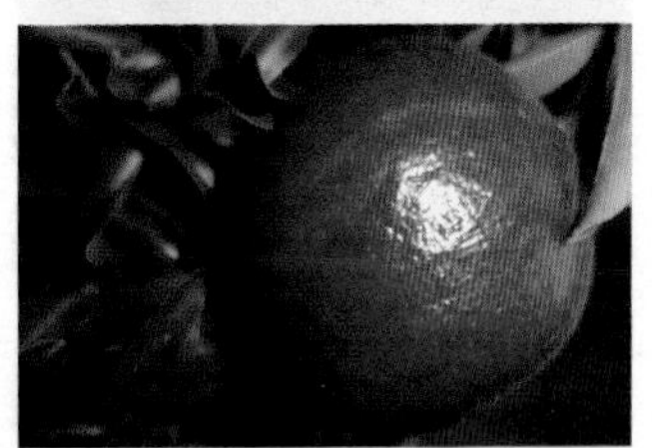

◎ 盆栽光照要充足，越晒越是花红果多，反之则花少色淡，难以结果。所以，在生长期间都要放在阳光充足处养护。石榴喜肥，可结合早春换盆换土，加些骨粉或腐熟的豆饼渣等作基肥，生长期间经常施稀薄的饼肥水，初夏孕蕾期用 0.2% 磷酸二氢钾喷洒叶面。每次施肥都不宜过多，以免枝叶徒长，影响开花结果。石榴较耐旱，怕水涝，经常保持盆土湿润即可，特别是开花期间浇水要少些，可避免落花。冬季入冷室（0℃左右）放向阳处越冬，控制浇水，大约一个月浇一次。

◎ 早春萌发前，应把枯枝、弱枝剪除，但不能短截母枝。

◎ 石榴开花红似火，艳丽的景色引人注目，盆栽可供室内观赏。石榴树干苍劲，根盘交错，适宜制作盆景。果石榴甘酸可口，是上佳的水果。

◎ 一般家庭喜欢小叶石榴，品种有：火石榴、墨石榴等。小叶石榴株小，枝条细软，花小，果小，花期长，花有红、粉红、白、紫红等色，适宜盆栽观赏。栽培管理与花石榴、果石榴基本相同。

◎ 小叶石榴，初春的绿叶，仲夏的繁花，深秋的小果，都极具观赏性，是家庭观花观果佳品。

朱砂根

◎ 又名富贵籽，有俗称金玉满堂。紫金牛科常绿灌木。叶互生，长椭圆形。伞形花序，花冠白色或淡红色，微香。果球形，鲜红色。

◎ 性喜温暖湿润的环境，怕强光直射，要求疏松肥沃、排水良好的土壤，可用腐叶土、园土各半，再加少量有机肥混合配制。生长适温15~25℃。朱砂根喜散射光，夏季要注意遮阴，其他季节可放在阳光充足的地方养护。生长期间浇水要充足，常向植株喷水，有利于生长。冬季入室，8℃以上可越冬，此时应减少浇水量，盆土稍湿润为好。生长期间半月施一次稀薄的饼肥水，孕蕾期施磷、钾肥，以利于开花，冬季停肥。

◎ 每年于早春换盆，去除枯根、烂根，填加新的培养土。

◎ 朱砂根果实艳丽，挂果期长，可摆放于厅堂、卧室、庭院观赏，是优良的观果花卉。

6 仙人掌类花卉

仙人球

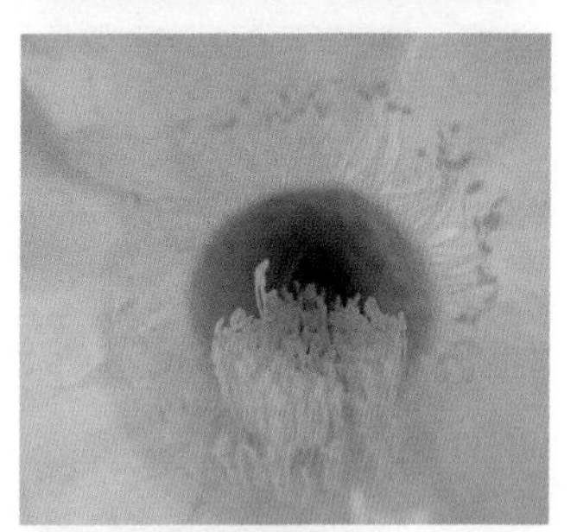

◎ 仙人球是仙人掌类植物中呈球形种类的总称。多年生常绿多肉植物。

◎ 栽培仙人球，可选用腐叶土、园土、粗沙按 1:1:1 和少量草木灰混匀配制。盆底垫些碎砖块，盆不宜过大，栽好后有些空隙就行。盆太大，不美观。刚栽后不可浇水，每天喷水 2 次即可，半月后浇少量的水，一个月即能生新根，

◎ 仙人球本身就能贮存水分，所以，这类花卉浇水宜少不宜多。应本着见干见湿的原则，盆内不能积水。浇水后要松土，利于盆土的疏松。另外有较长毛的品种不能喷水，会影响美观。顶上凹陷的品种浇水时，水不要存在凹处，有损伤的地方也不要喷水，以免腐烂。越冬期间严格控制浇水，盆土不特别干就可以。用三棱箭嫁接的仙人球，生长期可施些腐熟的稀薄饼肥水，其他类型的仙人球成株后可少施些磷肥。水肥过多，易徒长变形，不易开花。

◎ 仙人球每隔 1~2 年应于早春换盆一次，换盆时要剪去些老根，晾 2 天再上盆，填加新配养土。

◎ 春、秋季放室外向阳处养护。夏季要遮阴通风，10 月入室内放向阳处，5℃以上可越冬。繁殖仙人球可用扦插、嫁接法。

◎ 仙人球的肉质球茎形态特别，花色绚丽多姿，是家庭美化的好品种。

令箭荷花

为仙人掌科附生型多年生常绿肉质植物。茎似令箭，花似荷花。茎扁平长披针状，有锯齿，鲜绿色，边缘略红。花大，钟状，花丝和花柱弯曲，花姿绚丽，色彩丰富，有淡红、纯白、橙红、深红、紫色等。

◎ 性喜温暖湿润、向阳的环境。较耐干旱。要求疏松肥沃、排水良好的土壤。

◎ 3~4月气温回升，此时令箭荷花生长快，应放在通风向阳处养护。浇水以保持盆土略湿润才好。每周施一次氮磷复合液肥，连施 2~3 次，4~5 月现蕾时再施一次磷肥。孕蕾后每个茎片留下 3 个左右大的花蕾，其他较小的疏去，以使花大色艳，植株健壮。开花期要少浇水，以防落花落蕾。花期遮一下强光，则可使开花时间长。花后会有小段休眠期，应控制水肥，以免烂根。夏季需放半阴处，可适当多浇水，半月施一次以氮肥为主的液肥，连施 2~3 次。入秋后，减少浇水，追施 2 次磷肥，多见阳光。如秋季光照不足，来年会花少或不开花。冬季放室内阳光充足处，停肥，控制浇水，盆土偏干才好，适宜温度 10~15℃，温度过高会徒长，影响美观。

◎ 每隔一年应换盆一次，于花后进行。结合换盆，剪掉枯朽根和旧土，填加新的培养土，可用腐叶土、园土、河沙按 2∶2∶1 配置，盆底再放些骨粉作基肥。

◎ 令箭荷花的茎长而柔软，需及时设立支架。长出的圆状茎要剪除。

◎ 令箭荷花微香，花姿洒脱，形态优美，花大色艳，气质高雅，深受人们青睐。

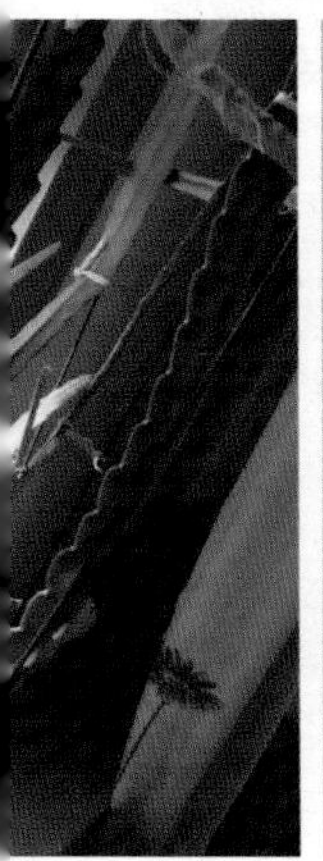

蟹爪兰

◎ 仙人掌科附生型多年生常绿多肉植物。叶状茎，扁平，多节，悬垂，茎节边缘有尖齿，连接如蟹脚，鲜绿色。花生在茎节先端，色彩丰富，有白、橙黄、橙红、粉红、深红、紫红等色。花筒长伸，花瓣2~3轮，反卷。冬春开花。

◎ 性喜温暖湿润的环境。忌强光直射，喜半阴，较耐旱，怕水涝，怕寒。要求疏松肥沃、排水良好的沙质土壤。盆栽可用腐叶土、园土、粗沙各1/3混匀，再加少许骨粉作基肥。生长期间浇水不可过多，保持盆土湿润即可，否则易烂根。春秋两季，要隔10天施一次腐熟的稀薄饼肥水或复合化肥。孕蕾期要加施2次0.2%磷酸二氢钾溶液，有利于花芽生成和花色艳丽。夏季防强光直射，此时蟹爪兰生长停滞，应停肥，控制浇水，常向茎叶上喷水，增湿降温，以利度夏。春秋要放在向阳处养护。蟹爪兰怕寒，冬季要放在室内向阳处，室温15℃左右。孕蕾期要常喷水，保持植株湿润。开花期不要随意搬移花盆，以防落花落蕾。室温若在12℃左右，能延长开花时间。

◎ 花后要及时剪去残花，停肥，少浇水，适当整形，等茎节上长了新芽再正常管理。对多年的老株，应于早春重剪。

◎ 蟹爪兰茎节独特，生机勃勃，花朵娇媚艳丽，花期又正值元旦、春节，用其装扮厅室，既增添喜庆，又给人以春的气息。

仙人指

◎ 仙人掌科附生型多年生常绿多肉植物。与蟹爪兰在株型、花型等方面有很多相似的地方。细心观察就会发现仙人指的茎节边缘没尖齿，呈浅波纹状，形状像手指。花的色彩多为洋红，花瓣排列整齐，花期晚于蟹爪兰，春季开花。

◎ 仙人指的生长习性及管理可参见蟹爪兰。

假昙花

◎ 附生类型仙人掌类花卉。具扁平变态茎，茎节较宽，边缘有浅圆齿。花筒短，红色，排列整齐。

◎ 喜半阴，喜空气湿润。要求肥沃、排水通气良好的土壤。经常保持盆土湿润，月施一次稀薄的液肥，冬季入室，15℃以上可安全越冬。

金琥

◎ 多年生常绿多肉植物。性喜阳光和温暖干燥的气候，不耐寒。要求肥沃、透水性好的土壤，可用腐叶土、园土、粗沙按 1:1:1 混匀配制。春、秋季要放在室外阳光充足处养护，光照不足，球会变长，刺色暗淡。夏季需遮阴通风，避免强光直射，灼伤球体。冬季入室放向阳处，5℃以上可越冬。生长期间可施些磷肥。浇水宜少不宜多，不干不浇，冬季控制浇水，盆土以偏干为好。

◎ 每隔 1~2 年于早春换盆，去除些老根，填加新的培养土。繁殖用扦插法。

◎ 小球可放置室内，大球摆放厅堂，气势非凡。

小贴士

金琥等仙人掌类植物，除了吸收二氧化碳、释放氧气，还能吸收甲醛、甲醚等有害气体。此外，据说还能一定程度吸收电脑辐射。

7 多肉花卉

佛肚树

◎ 又名珊瑚花、珊瑚油桐、麻疯树。大戟科常绿多肉植物。茎干肉质，基部膨大，像弥勒佛肚。叶革质，心形，3~5 裂。花橘红色，五瓣，花梗分枝像珊瑚，花序可开 2~3 个月。

◎ 性喜温暖，阳光充足，也耐半阴，放室内有明亮散射光处，即可生长良好。幼苗期应给予充足水肥，促茎干基部膨大，增大观赏性。长成后，水肥要逐渐减少。要求用排水通畅的沙质土，浇水过多，排水不畅易引起烂根，平时以盆土稍偏干些为宜。开花期间，要控制浇水，以免落蕾。生长期间应施 2~3 次腐熟的稀薄饼肥水或复合化肥，开花期停肥，以免落蕾、干枯。冬季放在阳面窗台上，多见阳光，以使生长健壮，开花良好。播种繁殖。

◎ 佛肚树奇特的树形，浓绿的叶片，鲜艳的花，无一不吸引人眼球。

虎刺梅

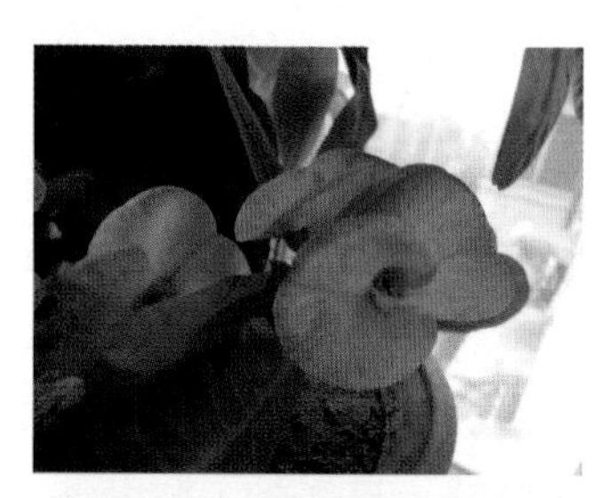

◎ 又名麒麟花、铁海棠，为大戟科灌木状多肉植物。有尖而硬的刺。叶较少，大多长在幼枝上，叶长椭圆形。小花顶生，有鲜红、橘红等色。冬春开放，在温度适宜的条件下，全年开花不断。姿态奇特，适宜盆栽观赏。

◎ 性喜温暖、阳光充足的环境。耐旱，耐贫瘠，不耐水湿。盆土可用腐叶土、园土、粗沙混合配制。浇水不宜多，以盆土偏干为好，长期过湿易引起烂根，甚至植株死亡。夏季需浇水稍多些，但盆里不能积水。虎刺梅不喜浓肥，生长期间施些稀薄的饼肥水，孕蕾期间施磷、钾肥即可花多色艳。虎刺梅全年都应放在阳光充足的地方。开花期光照好，会使花色鲜艳，花期长，反之则花色暗淡，少开或不开花。虎刺梅喜温暖，不耐寒。越冬期间室温低于 10℃，会落叶，半休眠，此时要控制浇水，保持盆土干燥。若室温 15℃以上，可继续开花。

◎ 花谢后，要把开过花的，生长不规则的枝条剪短，使其生发新枝。新枝长到 5~7 厘米时，顶端又会开花。如不剪修，顺其自然，枝条会长得细长，使株型难看，且开花少。

◎ 虎刺梅生长快，一般 1~2 年于早春换一次盆。

小贴士

虎刺梅全身有硬刺，茎中的白色汁液有毒。摆放地点要注意，以免被刺伤或中毒。

佛手掌

◎ 别称舌状花、宝绿。番杏科多年生常绿多肉植物。叶肉质，长舌状，稍卷曲，鲜绿色，平滑有光泽，肥厚柔软，茎短，基部抱合，似佛手。花金黄色，短梗，花瓣向外翻卷，多在春秋开花。

◎ 性喜温暖湿润，喜光，耐半阴，耐干旱，怕酷暑，不耐寒，生长适温 18~22℃，高温潮湿易腐烂。对土壤的要求不严，盆栽可用园土、沙土按 2:1 混匀栽培。春、秋季可放在室外，每季施 2 次腐熟的稀薄饼肥水，肥水不可玷污叶面，水不可浇太多，盆土稍湿即可。肥水多了，不仅植株徒长，冬季还易烂根。越冬室温不得低于 10℃。

◎ 每隔 1~2 年应换一次盆，选盆不要太大。结合换盆，对于 2 年生以上的植株要分株，以利新株的生长，多年不分株，会出现生长不良，叶片弱小等现象。而分株后新生的叶片肥厚翠绿，提高了观赏度。

◎ 佛手掌植株平铺，矮小，叶片翠绿如舌，金黄色的小花如菊，摆放在书桌案几上，特别可人。

落地生根

◎ 别称花蝴蝶、叶爆芽、天灯笼、土三七等。景天科多年生常绿多肉植物。叶长三角形，深绿或灰绿色，边缘有锯齿。在锯齿间能自生两片带着气生根的圆形对生的小叶，落地即扎根，长成新的植株。花多紫或红色。

◎ 性喜温暖湿润的环境，喜光，也耐半阴，耐干旱，怕酷暑。要求肥沃、排水良好的沙质土。生长季节多光照，则健壮，花繁叶茂。生长过高时，需摘心促发新枝，使株形美观。浇水要见干见湿。冬季应少浇水，盆土只要不是太干就不浇。越冬要放在向阳处，室温 10℃以上，温度低则会落叶，受害。春暖放室外阳光充足处，夏季要遮阴，通风要良好。落地生根需肥不多，于开花前施 2 次全元素的稀薄复合液肥，即能开花良好。

◎ 为使株形美观，建议每年春季换盆。

◎ 落地生根株形大方匀称，叶片肥厚，有其特别的繁殖方式。用于盆栽，是窗台绿化的好材料，点缀书房和厅堂也颇具雅趣。

长寿花

◎ 又名寿星花、矮伽蓝菜、圣诞伽蓝菜。景天科多年生常绿多肉植物。茎直立，叶肉质，对生，长圆形，深绿有光泽，边缘稍有红色。花有绯红、橙红、桃红、白、黄等色。花小，簇拥成团。花期从12月至翌年5月。

◎ 性喜冬暖夏凉的环境，怕严寒，怕酷暑，喜光，也能耐半阴，耐旱，怕湿。生长适温15~25℃。低于0℃会受冻害。家庭莳养每季都应放在有阳光的地方。炎夏光照强度太大，会使叶片发黄，要适当遮阴，注意通风。光线不足，叶片会小且薄，长时间光线不足，叶片就会脱落，开花期光线不足，则花色淡，甚至会使花枯萎掉落。长寿花为多肉植物，体内水分较多，不用大量浇水，盆土保持略湿即可生长良好。冬季更要少浇水，以防烂根。盆栽用土可选腐叶土、园土、河沙按2:2:1再加少量的骨粉混匀配制。生长旺季每月施一次腐熟的稀薄饼肥水，11月，花芽形成，可施

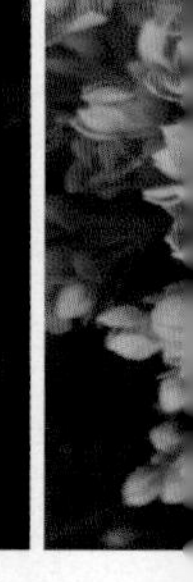

2 次 0.2% 磷酸二氢钾液，以使花多色艳。冬季室温 12~18℃，才能保证元旦、春节看花。

◎ 生长期间要及时摘心，促发新枝，使植株丰满。另外，长寿花有向光性，要注意适时调换花盆的方向，以使其受光均匀，枝条生长匀称。否则会长偏，降低观赏效果。花谢要及时剪除残花，为下次开花节省养分。春季花谢后要酌情换盆，并填加新的培养土。长寿花易遭介壳虫害，要及时防治。长寿花开花后很难结籽，繁殖用扦插法。

◎ 长寿花叶片厚而有光泽，花团拥簇艳丽，花期长，开花又在节日（元旦，春节）期间，盆栽观赏，花叶皆佳。

虎尾兰

◎ 又名千岁兰、虎皮兰。龙舌兰科多年生肉质草本。叶从地下茎生出，剑形，扁平，肥后，直立，顶端尖，叶表浅绿色，横向有深绿色的斑纹。常见的品种有：金边虎尾兰、金边短叶虎尾兰、银脉虎尾兰、短叶虎尾兰等。

◎ 性喜温暖向阳的环境，耐半阴，怕曝晒，耐干燥，怕积水，要求排水良好的沙质土，可用腐叶土、河沙按 4∶1 配制。放室内通风向阳的地方养护，浇水要见干见湿，幼苗期水要更少些，以免根茎腐烂。夏季移到有明亮散射光的地方，常向叶面上喷水，增湿降温，使叶色更显鲜艳。生长期间常施氮磷结合的液肥，磷肥缺失，斑纹会暗淡。冬季应放室内阳光充足处，控制浇水，常向叶面喷水（常温），使叶面清洁。越冬温度不低于 12℃。

◎ 每隔 1~2 年，于春季换盆。因虎尾兰的叶直立向上，所以用筒子盆才显得美观，换盆可结合分株繁殖。

◎ 虎尾兰，叶形如剑，斑纹似虎尾。叶片硬实，株形挺拔，四季青翠，黄绿相间，威武神韵。厅堂、书房的角落，都适宜摆放。

花草名称索引

（按拼音排列）

A

矮牵牛 /14

B

八仙花 /44

玻璃翠 /71

C

长春花 /19

长寿花 /124

常春藤 /102

彩叶草 /90

雏菊 /30

葱兰 /70

D

大花葱 /70

大花蕙兰 /88

大花酢浆草 /73

大丽花 /67

大岩桐 /82

大叶花烛 /89

代代 /110

倒挂金钟 /34

德国报春 /72

冬珊瑚 /109

豆瓣绿 /97

杜鹃 /42

盾叶天竺葵 /74

E

鹅掌柴 /103

F

风信子 /60

凤梨 /86

凤仙花 /22

佛肚树 /120

佛手掌 /122

扶桑 /40

富贵竹 /107

G

瓜叶菊 /28

观赏辣椒 /108

龟背竹 /106

H

旱金莲 /24

红花酢浆草 /73

红花金银花 /48

蝴蝶天竺葵 /74

虎刺梅 /121

虎耳草 /93

虎尾兰 /126

花毛茛 /59

花叶常青藤 /102

花叶万年青 /100

花叶芋 /94

J

假昙花 /118

箭羽竹芋 /98

角堇 /17

金琥 /119

金橘 /111

金丝梅 /41

金娃娃萱草 /66

金银花 /48

金鱼草 /23

金盏菊 /16

锦带花 /53

九里香 /39

韭莲 /70

君子兰 /84

K

孔雀草 /27

孔雀竹芋 /98

L

凌霄 /49

令箭荷花 /115

柳穿鱼 /24

龙船花 /52

龙吐珠 /36

耧斗菜 /64

鲁冰花 /54

落地生根 /123

绿萝 /104

M

马齿牡丹 /21

马蔺 /57

马蹄天竺葵 /74

马缨丹 /43

美女樱 /20

米兰 /38

茉莉 /37

N

鸟巢蕨 /94

茑萝 /32

P

蒲包花 /32

Q

青苹果竹芋 /98

球根海棠 /81

秋海棠 /79

R

瑞典常春藤 /102

S

三角梅 /50

三色堇 /16

山酢浆草 /73

石榴 /112

石竹 /26

蜀葵 /58

水仙 /62

四季报春 /72

四季秋海棠 /79

松叶牡丹 /21

T

天鹅绒竹芋 /98

天门冬 /91

天竺葵 /74

铁兰 /87

铁线蕨 /93

W

万寿菊 /27

网纹草 /96

文竹 /92

X

西瓜皮椒草 /97

仙客来 /69

仙人球 /114

仙人指 /117

香叶天竺葵 /74

小苍兰 /68

蟹爪兰 /116

新几内亚凤仙 /78

萱草 /66

勋章菊 /55

Y

一品红 /35

一叶兰 /99

银脉单药花 /101

迎春 /45

玉簪 /65

鸢尾 /56

鸳鸯茉莉 /36

月季 /46

Z

蜘蛛兰 /83

朱砂根 /113

竹节秋海棠 /80

皱叶椒草 /97

紫茉莉 /31

紫叶酢浆草 /73

酢浆草 /73